图说

消防系统工程及技术

TUSHUO XIAOFANG XITONG GONGCHENG JI JISHU

张少军 杨晓玲 编著

中国电力出版社
CHINA ELECTRIC POWER PRESS

内 容 提 要

本书用"图说"的方式，即使用大量的插图帮助读者学习消防系统的基本知识和掌握相关的基本技能，其内容较为新颖，工程实用性强。全书共分 9 章；主要内容包括消防系统及工程基础知识；火灾自动报警系统；消防灭火系统；防排烟及通风系统；防火卷帘与消防电梯；消防广播与火灾事故照明；消防控制室与联动控制系统；消防系统的设计、施工与调试；消防工程案例分析等。

本书可作为高等院校建筑电气与智能化、电气工程与自动化、暖通空调等专业的本科生和研究生教材，也可以作为建筑弱电技术、暖通空调技术及相关专业的工程技术人员及管理人员的重要参考书。

图书在版编目（CIP）数据

图说消防系统工程及技术/张少军，杨晓玲编著. —北京：中国电力出版社，2017.1（2019.4重印）
ISBN 978-7-5123-9881-8

Ⅰ.①图… Ⅱ.①张… ②杨… Ⅲ.①建筑物-防火系统-图解Ⅳ.①TU892-64

中国版本图书馆 CIP 数据核字（2016）第 243105 号

中国电力出版社出版发行

北京市东城区北京站西街 19 号　100005　http：//www.cepp.sgcc.com.cn
策划编辑：周娟　责任编辑：杨淑玲　责任印制：杨晓东　责任校对：王小鹏
三河市航远印刷有限公司·各地新华书店经售
2017 年 1 月第一版·2019 年 4 月第六次印刷
787mm×1092mm　1/16·10.25 印张·242 千字
定价：**36.00** 元

前　　言

消防系统是建筑弱电系统 30 多个子系统中一个非常重要的子系统，对于做建筑弱电系统的工程师或技术人员及相关的管理人员，学习和掌握消防系统的基本理论知识和尽可能多地掌握关于该系统的工程技能性知识，是非常有必要的。要掌握好消防系统及技术的知识及技能体系，既要从系统整体上把握，还要从工程实际应用的许多技能性知识入手，比如，业内人士经常讲二总线制的消防系统，对于学员来讲，既要掌握二总线系统的理论知识，还要做到在工程现场能够自己动手，借助于相关的使用手册、安装向导进行二总线系统的系统接线、传感器接线、设备接线，进而去调试。

本书的撰写，主要是为从事建筑弱电系统和消防工程及技术的大学生、设计工程师、进行运行维护和管理的工程师及技术管理人员提供一本工具书。该书使用较多的插图对消防系统及工程的理论知识进行通俗易懂的讲述，使新入门者和有一定理论及工程实践技能水平的读者都能从中受益。

全书共分 9 章。第 1 章讲述消防系统及工程基础知识。第 2 章是全书最重要的部分，火灾自动报警系统，较详细地介绍了区域、集中报警系统、消防系统的总线制和探测器的地址编码，该章内容还包括火灾报警系统中常用到的重要设备；消防控制室和火灾报警联动控制器，火灾报警控制器和探测器的线制以及火灾报警系统的设计等。第 3 章讲消火栓给水系统、自动喷水灭火系统和气体灭火系统。第 4 章、第 5 章分别讲述防排烟及通风系统、防火卷帘门及消防电梯；第 6 章是消防广播与火灾事故照明。第 7 章较详细地讲述了消防联动控制及系统；第 8 章、第 9 章分别介绍了消防系统的设计、施工、调试及实际工程案例。

本书既可以作为建筑类高等院校建筑电气与智能化、自动化、电气工程与自动化、电气工程等专业师生的参考书，也可供建筑弱电技术、消防系统工程及技术的设计及施工企业技术、管理人员参考。

本书各部分章节内容的撰写情况：第 1 章、第 2 章、第 4 章、第 8 章由北京建筑大学的张少军教授撰写；第 3 章、第 5 章、第 6 章、第 7 章和第 9 章由北京联合大学的杨晓玲副教授撰写。

由于编著者学识有限，加之时间仓促，不足之处恳请广大读者批评指正！

编著者

目　　录

第1章 消防系统及工程基础知识

对于现代建筑来讲，消防报警及联动控制系统是一个必不可少的装置，同时也是建筑智能化系统的一个重要子系统，该系统也被称为消防自动化系统或火灾自动报警系统。消防自动化技术的主要内容有火灾参数的检测技术、火灾信息处理与自动报警技术、消防防火联动与协调控制技术、消防系统的计算机管理技术以及火灾监控系统的设计、构成、管理和使用等。

1.1 火灾自动报警系统的发展和使用场所

1.1.1 火灾自动报警系统的发展

1852年，美国波士顿安装了世界第一台火灾报警系统。1874年英国安装了世界第一台用于城镇火灾报警装置——一套水喷淋装置。1890年，英国研制出感温式火灾探测器。

20世纪初，定温火灾探测器得到了发展。利用双金属片的探测器、采用低熔点金属的新型探测器也被研制出来了。20世纪20年代开始，利用升温速率检测火情原理又发明差温火灾探测器。差温火灾探测器在升温速率超过预定值时发出报警信号。这种火灾探测器探测火源速度很快。以后又出现了空气管式和机械式类型火灾探测器。接着，又相继研制出了双金属差温火灾探测器、热敏电阻差温火灾探测器、膜盒差温火灾探测器、半导体差温火灾探测器等。再后来，将差温和定温两种功能组合成具有差温、定温火灾探测功能的感温火灾探测器，即差定温组合式火灾探测器。20世纪50年代至70年代出现了感烟火灾探测器。20世纪40年代末期开始，瑞士物理学家研制成功离子感烟探测器。离子探测器探测火灾比感温探测器反应速度快得多。随着科学技术的发展，光电式感烟探测器应运而生，它是利用烟雾粒子对光线产生散射、吸收或遮挡原理制造的。

火灾报警系统也经历了从简单的机电式向应用微处理器智能化的发展过程。可寻址开关量报警系统就是智能型火灾报警系统的一种。这种报警系统的"智能"体现在每个探测器有单独的地址编码，并且采用总线传输方式，可在控制器上读出每个探测器的输出状态。目前的可寻址系统在一条总线上可挂接几百个探测器，并能在极短的时间内查询所有的探测器状态、地址等。

可寻址模拟量报警系统不仅可查询每个火灾探测器的地址，而且可以报告传感器的输出量值，逐一进行监视和分级报警。响应阈值自动浮动式模拟量的报警系统，可报告探测器的输出量，还可以在报警和非报警状态之间自动调整报警阈值，使误报率大幅度降低。还有的智能火灾报警系统使用"模式识别法"，采用模糊数学或神经网络等方法减低误报率。

20世纪90年代以来，欧美出现无线火灾自动报警系统。随着技术的发展，气体探测器、气味探测器和光纤火灾探测器等新型探测器随之出现。

火灾探测器，主要有感烟式、感温式和感光式（火焰探测式）三大类。此外，对于物质燃烧产生的烟气体或易燃易爆场所泄漏的可燃性气体，可利用各种气敏元件及其导电机理或三端电化学元件的特性变化来探测火灾与爆炸危险性，从而构成可燃气体探测器。在建筑中，大量使用的火灾探测器是感烟式和感温式火灾探测器。

目前，先进的火灾自动报警控制装置大多植入了微处理器。火灾自动报警控制装置的发展有以下特点：

（1）功能综合化。火灾自动报警控制装置除了有火灾报警功能外，还有防盗、燃气泄漏报警功能等。

（2）功能模块化、软件化。火灾自动报警控制装置采用可编址功能模块，对制造、设计、维修有很大方便。大部分功能通过软件设定，便于系统功能的设置及增强。

（3）系统集散化。它本身是集散系统，功能集中，系统分散，一旦某一部分发生故障，不影响其他部分的工作。应用计算机网络技术，不但火灾自动报警控制装置相互连接，而且可以和建筑物自动控制系统互联。实现互通信，形成效能更高的系统。

（4）功能智能化。在火灾探测器内植入微处理器，应用数据库技术、知识管理技术、模糊数学理论、人工神经网络技术使火灾探测器的智能程度大大提高，大幅度地降低误报率。

1.1.2 火灾自动报警系统的使用场所

根据有关方面的规定，以下一些场所必须要配备火灾自动报警系统：

（1）大中型电子计算机房。

（2）贵重机器、仪器、仪表设备室。

（3）设有卤代烷灭火系统或二氧化碳灭火系统的房间。

（4）广播电视、电信、邮政楼的重要机房。

（5）火灾危害大的重要实验室。

（6）图书文物珍品库。

（7）重要档案资料库。

（8）超过 3000 个座位的体育馆观众厅。

（9）百货楼、展览馆和高级旅馆。

（10）建筑高度超过 $100m^2$ 的高层建筑。

（11）医院病房楼。

（12）财贸金融楼。

（13）电力调度楼。

（14）办公楼。

（15）10 层以上住宅建筑。

（16）公共建筑。

（17）高层建筑。

1.2 建筑与火灾

1.2.1 导致火灾的起因

建筑发生火灾的起因很多，图 1-1 给出了几种主要引发火灾灾情的原因。

在生产和生活中，因为使用明火不慎而引发火灾的情况很多；在建筑内由于缺少消防常

图 1-1　几种主要引发火灾灾情的原因

识和违反安全用火规程也能造成火灾。由于化学和生物化学的作用引发的自燃导致的火灾也常常发生；一些易燃易爆液体、气体的跑、冒、滴、漏哪怕碰到能量很小火星都能引发产生巨大破坏作用的火灾。

用电设备过负荷，导线接头接触不良，电阻过大发热，使导线绝缘物或沉积在电气设备上的粉尘自燃；短路的电弧、电气管线纵横交错、电气开关通断时产生的电火花使易燃、可燃液体蒸气与空气的混合物爆炸。在雷击较多的地区，发生的雷击起火等电气火灾在火灾灾害破坏中的作用也不可小视。防雷接地不合要求，接地装置年久失修等也能造成火灾。近年来，由于我国社会经济的快速发展，导致用电量剧增，电气火灾在建筑火灾中所占的比重越来越大。

1.2.2　火灾的发展和蔓延

建筑火灾一般是最初发生在建筑内某个房间或某个小范围区域，随着火情的生长而蔓延到相邻房间或区域，火情严重的情况下蔓延到整个楼层和最后蔓延到整个建筑物。

1. 火灾发展过程

火灾发生到熄灭，经历火灾初起阶段、阴燃阶段和火焰燃烧阶段三个阶段，描述火灾发生过程的曲线如图 1-2 所示。室内火灾的发展过程可以用室内烟气浓度和温度随时间的变化来描述。

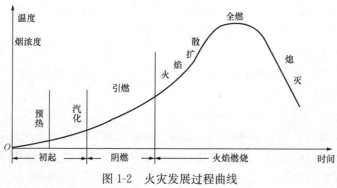

图 1-2　火灾发展过程曲线

（1）初起阶段。第一阶段是火灾初起阶段，这时的燃烧是局部的，室内平均温度不高，采取措施中断燃烧过程，所需耗费的人力及物力资源较少，而且实现灭火最容易。因此发现火情，把火及时控制和扑灭在初起阶段。

（2）阴燃阶段。火灾初起阶段后期，室内温度开始升高，室内烟气浓度开始增加，但该阶段的火情明火还没有明显升起，即阴燃阶段。

（3）火焰燃烧阶段。在阴燃阶段后期，火灾房间温度达到一定值时，房间内所有可燃物表面部分都参于燃烧过程，火情区域温度升高迅速并急剧上升，很快就达到火情全燃阶段，房间内所有可燃物都在猛烈燃烧。

进入全燃阶段后，火焰、高温烟气从房间的开口部位大量喷出，使火灾蔓延到建筑物的其他部分，造成火情区域的急剧扩大，造成更加严重的火情后果。

但火情达到全燃阶段后，火势走弱，室内温度和室内烟气浓度开始降低，直到把房间内的全部可燃烧物烧尽，室内外温度趋于一致，火焰熄灭和火情结束。

要充分根据发生火情的具体情况选择火灾探测器的类型，适宜地配置类型恰当的火灾探测器，发挥火灾报警及控制系统的作用，能够较早地探测发现火情的发生，并及时采取相对应的灭火举措，火情探测发现的越早越好，越能减小发生火情导致的物质财产的损失和减轻人员伤亡的程度。

2. 室内建筑火灾的蔓延

火灾蔓延是通过热的传播进行的。火情从正在燃烧的房间或区域向其他房间及区域扩大和转移，火灾蔓延主要是靠可燃构件的直接燃烧、热传导、热辐射和热对流进行的。

一般情况下，火灾烟气及浓烟的流向，就是火势蔓延的路径。火势蔓延导致更大面积的区域及更多建筑空间遭受火焰烧灼，火势蔓延会形成非常严重的后果。

（1）火情在水平方向的蔓延。对于主体为耐火结构的建筑来说，若建筑物内没有设置水平防火分区，即没有防火墙及相应的防火门形成控制火灾的区域空间，火势将在水平方向迅速蔓延。

1）火情通过洞、孔蔓延。火灾水平蔓延的另一种途径是建筑空间内的一些孔、洞口分隔处理不完善，比如户门为可燃的木质门，火灾时被焚毁；防火卷帘没有设置水幕保护，当火情很猛形成炽热的高温将卷帘熔化；管道穿孔处使用了可燃材料封堵则遇火烧毁等情况，都会导致火灾蔓延。

2）火情在吊顶内部空间蔓延。许多框架结构的高层建筑吊顶上部是连通的空间，发生火灾时会首先在吊顶内部蔓延，进而蔓延到其他区域。

3）火灾通过可燃的隔墙、吊顶、地毯等蔓延。可燃构件和装饰物本身就是燃烧物，因此在火灾发生时这些材料的燃烧导致火灾进一步蔓延。

（2）火灾在竖直方向上的蔓延。在现代建筑物内，使用着许多电梯、建筑内部还有大量的楼梯楼道、有强电竖井和弱电竖井等，一旦发生火灾，就可以沿着这些竖直方向的孔道、竖井蔓延到建筑物的任意一层。

1）火灾通过楼梯间蔓延。高层建筑的楼梯间，若在设计阶段未按防火、防烟要求设计，则在火灾时犹如烟囱一般，烟火很快会由此向上蔓延。有些高层建筑虽设有封闭楼梯间，但起封闭作用的门未采用防火门，发生火灾后，不能有效地阻止烟火进入楼梯间，以致形成火灾蔓延通道，甚至造成重大人员伤亡。

2）火灾通过电梯井蔓延。电梯竖井是火势蔓延的最佳通道，也是建筑空间内火灾蔓延的主要途径。

3）火灾通过其他竖井通道的蔓延。建筑中的通风竖井、管道井、电缆井、垃圾井也是高层建筑火灾蔓延的主要途径。

（3）火灾通过中央空调系统的风道和管道蔓延。高层建筑中央空调系统中的空调机组通过送风管道向各个服务区域供送冷风，通过回风管道将发生热交换后的回风空气流返回到空调机组，还有向空调机组供送新风的新风管路都是火灾蔓延的重要通道，如图 1-3 所示。通风管道使火灾蔓延一般有两种方式，第一种方式为通风管道本身起火并向连通的水平和竖向空间（房间、吊顶内部、机房等）蔓延，第二种方式为通风管道吸进火灾房间的烟气，并在远离火场的其他空间再喷冒出来，后一种方式更加危险。因此，在通风管道穿越防火分区之处，一定要设置具有自动关闭功能的防火阀门。

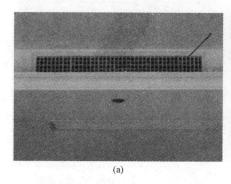
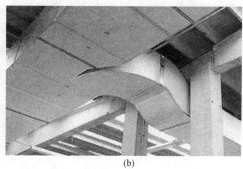

(a)　　　　　　　　　　　　　　(b)

图 1-3　火情通过空调系统的风道和管道蔓延

（a）空调机组的送风口连着送风管道；（b）空调系统的送风管道、回风管道、新风管道都可以成为火灾蔓延的通道

（4）火灾通过窗口蔓延。建筑空间中的火灾会沿窗槛墙及上层窗口向上窜越，焚毁竖向相邻房间的窗户，引燃房间内的可燃物，使火灾向上层空间蔓延。

很多情况下，发生火情后，已经装设的防火卷帘门和防火门，因卷帘箱的开口、导轨以及卷帘下部受热烘烤而变形，不能落下，造成火势水平蔓延。

对于不同的建筑，清晰地知晓发生火情时，火情蔓延的途径，并根据具体情况在建筑物中进行防火分区的设置、进行防火隔断、防火分隔物的设置，是有效防止火情蔓延的有力举措。

1.3　高层建筑的火灾防范及火灾特点

1.3.1　高层建筑的火灾防范

由于城市现代化程度的迅速提高，高层建筑也越来越多。高层建筑具有：建筑面积大、用电设备多、供电要求高、人员集中等特点，这就对高层建筑的防火提出了很高的要求。我国将高层建筑分为一类和二类两大类，这种分类的目的是为了针对不同类别的建筑物在耐火等级、防火间距、防火分区、安全疏散、消防给水、防排烟等方面分别提出不同的要求，以达到既保障各类高层建筑的消防安全，又能节约投资的目的。

高层建筑火灾发生有着显著的规律和特点。高层建筑高度高，规模大，生活设施齐全，可燃物多，发生火灾时，火势蔓延快，扑救、疏散困难，往往造成巨大损失。

高层建筑的消防安全，主要靠完善防火设计和自身消防设施，提高自防自救能力。有关单位对高层建筑的建设和经营，必须严格执行国家消防法规，保证消防资金投入，配备性能可靠的消防器材设施，及时消除火险隐患，确保安全。多用户高层，其公用消防设施的维修管理和电器安装等，统一由该建筑的业主负责。

1.3.2 高层建筑的火灾特点

1. 蔓延速度快

在高层建筑中，火势蔓延速度快，并且在纵向和横向同时蔓延，形成主体火灾，其主要原因是烟囱效应，烟囱效应如图1-4所示。

高层建筑一旦发生火灾，最显著的就是"烟囱效应"。着火后，电梯井和管道井就像一个个大烟囱，烟雾会迅速向上蔓延，燃烧迅速。

2. 通风空调管道可能起促成火灾横向蔓延

高层建筑在发生火灾时，通风空调管道极有可能给火灾扩大蔓延埋下隐患，这点在许多建筑火灾中已得到印证。

3. 风力的影响

室外风力、室外风向、风速对高层建筑火灾蔓延有显著影响。高层建筑密闭性强，温度和压力不易外泄，成为促成烟火横向的重要因素。

4. 扑救难度大

火情监测难。由于浓烟高温，消防人员不易接近起火部位，准确查明起火点。烟气的流动和火势的蔓延，容易使消防人员造成误判，贻误战机。

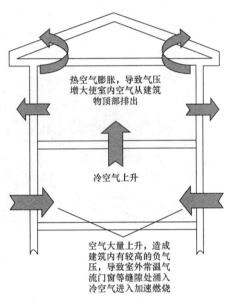

图1-4 烟囱效应

5. 疏散营救难。高层建筑楼房高、层次多、垂直距离大。着火后，被困人员多，疏散距离长。而楼梯、消防电梯等有限的疏散通道又是消防灭火进出的通道。救人与灭火容易互相干扰。特别是在有烟、断电情况下疏散，容易造成惊慌、混乱、争抢、挤踏、消极等待情况，必须进行引导和帮助。

6. 组织指挥难

高层建筑的立体火灾要救人救火同时进行。

7. 对建筑自身消防设施的依赖性强。

高层建筑，特别是超高层建筑的灭火救人，已经超出了常规消防设备和消防人员常规消防灭火能力的范围。消防车向高层供水，试验数据最高为80余米。这些能力的发挥，还要受到当时诸多因素的制约。如消防员体力和行动速度的局限，水带和水泵的制约。所以，扑救高层建筑火灾，必须以高层建筑自身消防设施为主。

1.4 建筑的分类与分级

1.4.1 建筑的分类

按照不同标准建筑物有不同的分类。按使用性质的分类如图1-5所示。按建筑高度的分类如图 1-6 所示。

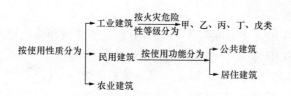

图 1-5　按使用性质的分类

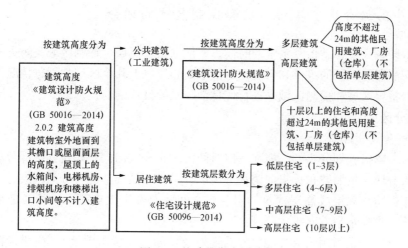

图 1-6　按建筑高度的分类

《建筑设计防火规范》（GB 50016—2014）中将高层建筑分为一类高层建筑和二类高层建筑。

民用建筑的设计使用年限分为四类，见表 1-1。

表 1-1　　　　　　　　　　　　　　按使用年限分类

类别	设计使用年限/年	示　　例
Ⅰ	5	临时建筑
Ⅱ	25	易于替换结构构建的建筑
Ⅲ	50	普通建筑和构筑物
Ⅳ	100	纪念性建筑和特别重要的建筑

1.4.2　民用建筑的等级划分

火灾自动报警系统用来防范和保护不同建筑在发生火情时，蒙受最小的物资、材料和财产损失及最大限度地保护建筑空间内人员的安全，根据被保护建筑的使用性质、发生火情的危害性、人员疏散难易程度和火灾扑救难度，将被保护对象分为特级、一级和二级建筑物。

根据《民用建筑设计通则》（GB 50352—2005），民用建筑可以按照"耐久性能"和"耐火性能"分级。这里仅给出耐久等级。

建筑物的耐久性等级主要根据建筑物的重要性和规模大小划分，并以此作为基建投资和建筑设计的重要依据。

耐久等级的指标是使用年限，使用年限的长短是依据建筑物的性质决定的。影响建筑寿命长短的主要因素是结构构件的选材和结构体系。

耐久等级一般分为四级:

(1)一级:耐久年限为 100 年以上,适用于重要的建筑和高层建筑。

(2)二级:耐久年限为 50~100 年,适用于一般性建筑。

(3)三级:耐久年限为 25~50 年,适用于次要建筑。

(4)四级:耐久年限为 15 年以下,适用于临时性建筑。

1.5 建筑中防火分区、报警区域和探测区域的划分

在建筑中装备火灾自动报警系统的时候,要依据报警区域、探测区域及防火分区的划分来设置火灾探测器、不同的组件和系统设备。下面介绍以上几个区域的划分情况。准确地划分防火分区、报警区域和探测区域是进行优良消防系统设计的前提。

1.5.1 防火分区

1. 什么叫防火分区

采用防火分隔措施划分出的、能在一定时间内防止火灾向同一建筑其余部分蔓延的局部区域称为防火分区。按照防止火灾向防火分区以外扩大蔓延的功能可分为两类:其一是竖向防火分区,用以防止多层或高层建筑物层与层之间竖向发生火灾蔓延;其二是水平防火分区,用以防止火灾在水平方向扩大蔓延。

竖向防火分区:是指用耐火性能较好的楼板及窗间墙(含窗下墙),在建筑物的垂直方向对每个楼层进行的防火分隔。

水平防火分区:是指用防火墙或防火门、防火卷帘门等防火分隔物将各楼层在水平方向分隔出的防火区域。它可以阻止火灾在楼层的水平方向蔓延。防火分区应用防火墙分隔。如确有困难时,可采用防火卷帘加冷却水幕或闭式喷水系统,或采用防火分隔水幕分隔。

防火分区中常用的防火门和卷帘门如图 1-7 所示。

(a)   (b)

图 1-7 防火分区中常用的防火门和卷帘门

(a) 防火门;(b) 卷帘门

2. 民用建筑防火分区划分

(1)民用建筑的耐火等级、层数、建筑长度和面积关系。对于民用建筑来讲,其耐火等

级、楼层层数、建筑长度和面积应满足表 1-2 中限定的关系。

表 1-2 民用建筑耐火等级、楼层层数、建筑长度和面积的限定关系

防火等级	允许层数	防火分区		备 注
		最大允许长度/m	每层最大允许建筑面积/m²	
一、二级	按相关规定处理	150	2500	1. 体育馆、剧院的长度和面积可以放宽。 2. 托儿所、幼儿园的儿童用房不应设 4 层或 4 层以上
三级	5 层	100	1200	1. 托儿所、幼儿园的儿童用房不应设 3 层或 3 层以上。 2. 电影院、剧院、礼堂、食堂不应超过两层。 3. 医院、疗养院不应超过 3 层
四级	2 层	60	600	学校、食堂、菜市场、托儿所、幼儿园、医院不应超过 1 层

（2）如果建筑物内设有上下层相连通的走马廊或自动扶梯等开口部位，应将上下连通的空间及楼层作为一个防火分区。这里的走马廊是指位于靠四周外墙的廊道，形容可骑马畅行的廊道。

（3）建筑物的地下室、半地下室应采用防火墙分隔成面积不超过 500m² 的防火分区。

某地下室的防火分区示意图如图 1-8 所示。

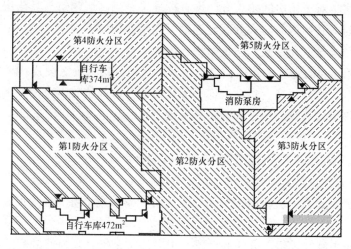

图 1-8 某地下室防火分区

这里的建筑物长度，指建筑物各分段中线长度的总和。若遇有不规则的平面而有各种不同量法时，应采用较大值，如图 1-9 所示。

3. 高层民用建筑防火分区的划分

在高层民用建筑防火分区的设计标准中规定：高层建筑内应采用防火墙等划分防火分区，每个防火分区允许最大建筑面积，应不超过表 1-3 的规定。

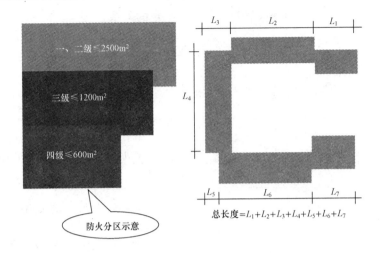

图 1-9　建筑物长度的意义

（1）营业厅和展览厅的防火分区设置。高层建筑内的商业营业厅、展览厅中，设置火灾自动报警系统和自动灭火系统且采用不燃烧或难燃烧材料装修时，地上部分防火分区的允许最大建筑面积为 4000m²，地下部分防火分区的允许最大面积为 2000m²。

表 1-3	最大建筑面积
建筑类别	单个防火分区建筑面积/m²
Ⅰ类	1000
Ⅱ类	1500
地下室	500

（2）高层建筑中裙房的防火分区设置。与高层建筑相连的建筑高度不超过 24m 的附层建筑一般成为裙房。对于裙房的防火分区设置标准是：当高层建筑与其裙房之间设有防火墙等防火分隔设施时，其裙房的防火分区允许最大建筑面积应不大于 2500 m²，当设有自动喷水灭火系统时，防火分区允许最大建筑面积可增加 1 倍。

（3）上下层相连通的走廊、楼梯、自动扶梯等区域分防火分区设置。高层建筑内设有上下层相连通的走廊、敞开楼梯、自动扶梯、传送带等开口部位时，应按上下连通层作为一个防火分区，其允许最大建筑面积之和满足一下规定：

1）Ⅰ类建筑中，允许最大建筑面积之和为 1000m²。

2）Ⅱ类建筑中，允许最大建筑面积之和为 1500m²

3）地下室中，允许最大建筑面积之和为 500m²。

当上下开口部位设有耐火极限大于 3.00h 的防火卷帘或水幕等分隔设施时，其面积可不叠加计算。

（4）高层建筑中庭区域防火分区的设置。中庭通常是指建筑内部的庭院空间，其最大的特点是形成具有位于建筑内部的"室外空间"，是建筑设计中营造一种与外部空间既隔离又融合的特有形式，中庭的应用可解决观景与自然光线的限制、方向感差等问题，为高层建筑引进了一个可以融入绿色植物及类同室外景观的一个较大的空间。

高层建筑中庭防火分区面积应按上、下层连通的面积叠加计算，当超过一个防火分区面积时，应符合下列规定：

1）房间与中庭回廊相通的门、窗、应设自行关闭的乙级防火门、窗。

2）与中庭相通的过厅、通道等，应设乙级防火门或耐火极限大于 3.00h 的防火卷帘分隔。

3）中庭每层回廊应设有自动喷水灭火系统。

4）中庭每层回廊应设火灾自动报警系统。

4. 建筑空间内防烟分区的划分

建筑物内发生火灾时，如果能够将火情区域的高温烟气控制在一定的区域内，并迅速排出室外，能够有效地减少人员伤亡，财产损失和防止火灾蔓延扩大。对于大空间建筑，如商业楼、展览楼、综合楼，特别是高层建筑，其使用功能复杂，可燃物数量大、种类多，一旦起火，温度高，烟气扩散迅速。对于地下建筑，由于其安全疏散、通风排烟、火灾扑救等较地上建筑困难。火灾时，热量不易排出，易导致火势扩大，损失增大。因此，对于这些建筑物，除应采用不燃烧材料装修及设置火灾自动报警系统或自动灭火系统外，设置防火防烟分区是有效的方法。

防烟分区是指采用挡烟垂壁、隔墙或从顶棚下突出并小于 50cm 的梁来划分区域的防烟空间。

设置防烟分区时，如果面积过大，会使烟气波及面积扩大，增加受灾面，不利安全疏散和扑救；如面积过小，则会提高工程造价，不利工程设计。防烟分区的设置一般应遵循以下原则：

（1）设置排烟设施的走廊、净高不超过 6m 的房间，应采用挡烟垂壁、隔墙或从顶棚下凸出不小于 0.5m 的梁划分防烟分区。人防工程中或垂壁至室内地面的高度应不小于 1.8m。

（2）每个防烟分区的建筑面积不宜超过 500m²，且防烟分区应不跨越防火分区。人防工程中，每个防烟分区的面积应不大于 400m²，但当顶棚（或顶板）高度在 6m 以上时，可不受此限制。

（3）有特殊用途的场所［如防烟楼梯间、避难层（间）、地下室、消防电梯等］应单独划分防烟分区。

（4）防烟分区一般不跨越楼层，但如果一层面积过小，允许一个以上楼层为一个防烟分区，但不宜超过 3 层。

（5）不设排烟设施的房间（包括地下室）和走廊，不划分防烟分区。

（6）走廊和房间（包括地下室）按规定都设排烟设施时，可根据具体情况分设或合设排烟设施，并按分设或合设情况划分防烟分区。

（7）人防工程中，丙、丁、戊类物品库宜采用密闭防烟措施。

（8）防烟分区根据建筑物种类及要求的不同，可按用途、面积、楼层来划分。

1.5.2　报警区域和探测区域

1. 报警区域划分

报警区域是按防火分区或楼层划分出来的区域。一个报警区域由一个防火分区或同楼层的几个相邻防火分区组成。

2. 探测区域划分

探测区域就是将报警区域按照探测火灾部位划分的单元，是火灾探测器部位编号的基本单位，一般一个探测区域对应系统中一个独立的部位编号。探测区域的划分应符合下列要求：

（1）探测区域应按独立房（套）间划分。一个探测区域的面积不宜超过 500m²；从主要人口能看清区域内部的各个部分；面积不超过 1000m² 的房间，也可划分为一个探测区域。

（2）作为线型火灾探测器的红外光束型感烟火灾探测器探测区域长度不宜超过 100m，缆式感温火灾探测器的探测区域长度不宜超过 200m。

作为点型火灾探测器的空气管差温火灾探测器的探测区域长度宜在 20~100m 之间。

（3）符合下列条件之一的二级保护对象也可将几个房间划为一个探测区域。

1）相邻房间不超过 5 间，总面积不超过 400m²，并在门口设有灯光显示装置。

2）相邻房间不超过 10 间，总面积不超过 1000m²，在每个房间门口均能看清其内部，并在门口设有灯光显示装置。

（4）下列场所应分别单独划分探测区域：

1）敞开或封闭楼梯间。这里的楼梯间指的是：容纳楼梯的结构，即包围楼梯的建筑部件（如墙或栏杆）。它楼梯间是一个相对独立的建筑部分，如图 1-10 所示。

图 1-10　楼梯间

2）防烟楼梯间前室、消防电梯前室、消防电梯与防烟楼梯间合用的前室。

3）走道、坡道、管道井、电缆隧道。

4）建筑物闷顶、夹层。

1.6　消防系统的组成和分类

1.6.1　消防系统的组成

消防系统主要有两个部分组成，即火灾自动报警系统和消防联动系统。消防联动系统又可以再分为灭火自动控制系统和避难诱导系统组成。

火灾自动报警系统由探测器、感温探测器、感烟探测器、火焰探测器和手动报警装置（手动报警按钮）、火灾显示盘、声光讯响器、区域报警控制器、集中报警控制器和控制中心组成。

消防系统由以下部分或全部控制装置组成：

（1）火灾报警控制器。

（2）室内消火栓灭火系统及控制装置。

（3）自动喷水灭火系统及控制装置。

（4）卤代烷、二氧化碳等气体灭火系统及控制装置。

（5）常开防火门、防火卷帘门等防火区域分割设备及控制装置。

（6）防烟、排烟及空调通风系统设备及控制装置。

（7）电梯回降控制装置。

（8）火灾应急照明与疏散指示标志。

（9）火灾事故广播系统及其设备的控制装置。

（10）消防通信设备。

火灾自动报警及消防联动控制系统在发生火灾的两个阶段发挥着重要作用：

第一阶段（报警阶段）：火灾初期，往往伴随着烟雾、高温等现象，通过安装在现场的火灾探测器、手动报警按钮，以自动或人为方式向监控中心传递火警信息，达到及早发现火情、通报火灾的目的。

第二阶段（灭火阶段）：通过控制器及现场接口模块，控制建筑物内的公共设备（如广播、电梯）和专用灭火设备（如排烟机、消防泵），有效实施救人、灭火，达到减少损失的目的。

消防系统的现场设备种类繁多，分属于灭火系统的不同子系统，第一类子系统包括可以使用来灭火的各种介质，如液体、气体、干粉及喷洒装置；第二类子系统是灭火辅助系统，是用于限制火势、防止灾害扩大的各种设备；第三类子系统是信号指示系统，用于报警并通过灯光与声响来指挥现场人员的各种设备。对应于这些现场消防设备必须要配置相应的联动控制装置，如室内消火栓灭火系统、自动喷水灭火系统、卤代烷、二氧化碳等气体灭火系统、电动防火门、防火卷帘等防火区域分割设备、通风、空调、防烟、排烟设备及电动防火阀、电梯的控制装置、断电、火灾事故广播系统及其设备、消防通信系统，火警电铃、火警灯等现场声光报警、事故照明等的控制装置。

在实际的消防工程中，消防联动系统可由上述一部分设备来组织，但系统较大或较为复杂时，消防联动系统的组成也变得复杂了。

简言之，建筑物内的消防系统主要功能：自动监测火灾探测区域内发生火情时产生的烟雾或热气，将火情信号传送给控制装置实现自动灭火，同时发出声、光报警信息，联动控制同步进行，如对电梯的联动控制、对中央空调系统末端设备的新风阀门的联动控制等，实现监测、报警和灭火的自动化。

消防系统中的许多现场火灾探测器分布在建筑空间内的各个不同位置，需要使用区域型火灾报警控制器，区域型火灾报警控制器直接连接火灾探测器，处理各种报警信息，

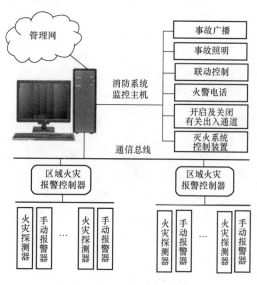

图 1-11　消防系统的组成

同时还与集中型火灾报警相连接，向其传递火警信息，一个消防控制系统一般情况下还要有一台消防监控主机，消防系统的组成情况如图 1-11 所示。

1.6.2　消防系统的分类

按照不同的标准对消防系统分类，有很多不同的方法，如：将消防系统按照功能和使用扑灭火情的媒质，可以分为火灾自动报警系统、消火栓系统、通风排烟系统、自动喷淋系统和气体灭火系统等；按照报警和消防的组合方式分类可分为自动报警、人工消防系统和自动报警、自动消防系统。

自动报警、人工消防系统：通过在建筑内的不同房间及位置安置不同类型的火灾探测器，被监测区域发生火情时，火灾探测器通过通信总线将报火情警信息送给消防系统监控主机，在监控主机处显示出建筑物内某一层（或某分区）发生火情，在确认火情发生的信息后，组织调派消防人员根据报警情况采取灭火措施。

自动报警、自动消防系统：该类系统在建筑物内发生火情后，不同种类的火灾探测器在检测到火情信息后，控制装置自动控制相应的联动设备工作灭火，如对发生火情处自动喷洒水灭火；对一些电气设备较多的地方发生火情后，自动启动气体火灾灭火系统进行灭火等。消防中心在接到火灾报警信号后，利用紧急广播系统进行报警，同时自动控制相关的联动消防设备工作灭火。

第 2 章　火灾自动报警系统

2.1　火灾自动报警系统的发展

火灾自动报警系统的发展经历了几个不同的阶段：

传统的（多线制开关量式）火灾自动报警系统是第一代产品（主要是 20 世纪 70 年代以前）。第一代产品主要特点是简单，成本低。但有明显的不足，就是火灾探测器是否发出报警信号的基本依据是根据火情参数的设定值（阈值）作为基准临界值来判定，抗外界干扰及环境因素变化扰动的能力差。第一代产品的灵敏度一旦设定，就是使用场所、使用环境发生变化也不会自动地进行相应调整。第一代产品使用一段时间后会出现探测器的内部元器件失效或特性漂移现而导致火情误报。总之，第一代产品性能差、功能少，无法满足发展需要。

总线制可寻址开关量式火灾探测报警系统是第二代产品（在 20 世纪 80 年代初形成）。第二代系统也叫总线制火灾自动报警系统，自从 20 世纪 80 年代至今，一直是工程中处于主流应用的系统。总线制系统布线、施工简单，易于维护，系统造价低。第二代系统中，主要使用总线网络组建系统，尤其是二总线制系统被广泛使用。在这一代系统中，所有的探测器使用很短的接入线就挂接到总线网络中，探测器和可编码的手动报警按钮都能方便地设置地址编码；增设了可现场编程的键盘；具有系统自检和复位功能；具有火灾地址和时钟记忆与显示功能；具有故障显示功能；能够探测到总线节点的开路、短路并将节点进行隔离的功能；能够准确地确定火情部位，增强了火灾探测或判断火灾发生的能力等。二总线制开关量式探测火灾报警系统目前在工程中被大量使用。

模拟量传输式智能火灾报警系统是第三代产品。模拟量及分布智能探测技术在火灾自动报警系统中得到广泛应用，这一代系统将误报率降低到最低限度，并大幅度提高了报警的准确度和可靠性。

分布智能火灾报警系统是第四代产品。使用了智能传感器，可对火灾信号进行分析和智能处理，做出恰当的判断，然后将这些判断信息传给控制器，控制器接收探测器送来的信息，同时还能对探测器的运行状态进行监视和控制；由于探测部分和控制部分的智能化，系统性能大幅度提高。

无线火灾自动报警系统和空气样本分析系统是第五代产品。第五代产品在实际工程应用中配合主流应用的总线制系统运行工作。

2.2　火灾自动报警系统的基本形式

建筑结构、功能、用途彼此间各不相同，为适应不同的应用环境，火灾自动报警系统的结构形式组成也有着多样性，但从标准化的角度来讲，要求系统结构形式应当尽量简化、统一。实际工程中的火灾自动报警系统基本形式有三种：区域报警系统、集中报警系统和控制中心报警系统。

具体选用哪种形式的火灾自动报警系统，原则上要根据保护对象的保护等级来确定。

区域报警系统宜用于二级保护对象；集中报警系统宜用于一级、二级保护对象；控制中心报警系统宜用于特级、一级保护对象。在实际工程设计中，对于一个具体的工程对象配置火灾自动报警系统，是采用区域报警系统，还是采用集中报警系统，或者是采用控制中心报警系统，还要根据保护对象的具体情况，如工程建设的规模、使用性质、报警区域的划分以及消防管理的组织体制等因素合理确定。

2.2.1 火灾报警控制器的结构和功能

火灾自动报警系统中的核心设备是火灾报警控制器。

1. 火灾报警控制器的结构

按照不同设计使用要求可以将火灾报警控制器分为：区域、集中和控制中心（通用）控制器；按结构特点分为壁挂式、台式和柜式，如图 2-1 所示；按技术性能要求分为普通式、微机型，而二者又可分为多线式和总线式控制器等。

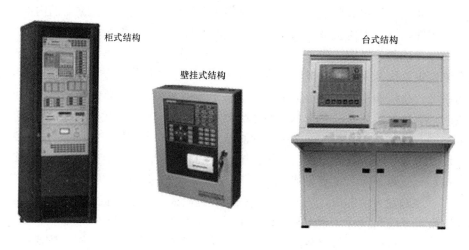

图 2-1 壁挂式、台式和柜式火灾报警控制器

2. 火灾报警控制器的功能

火灾报警控制器是组成火灾自动报警系统的最重要设备，其主要功能如图 2-2 所示。

2.2.2 区域报警系统

1. 区域火灾报警控制器

区域火灾报警控制器是负责对一个报警区域进行火灾监测的装置。一个探测区域可有一个或几个探测器进行火灾监测，同一个探测区域的若干个探测器是互相并联的，共同占用一个部位编号。区域火灾报警控制器直接连接火灾探测器，处理各种报警信息，在结构上有壁挂式结构和柜式结构。

区域火灾报警控制器的组成包括输入回路、

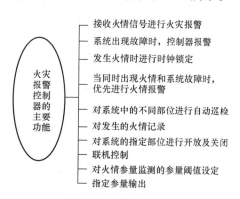

接收火情信号进行火灾报警
系统出现故障时，控制器报警
发生火情时进行时钟锁定
当同时出现火情和系统故障时，优先进行火情报警
对系统中的不同部位进行自动巡检
对发生的火情记录
对系统的指定部位进行开放及关闭
联机控制
对火情参量监测的参量阈值设定
指定参量输出

火灾报警控制器的主要功能

图 2-2 灾报警控制器的主要功能

光报警单元、声报警单元、自动监控单元、手动检查试验单元、输出回路和稳压电源及备用电源等，区域火灾报警控制器组成及外观如图 2-3 所示。

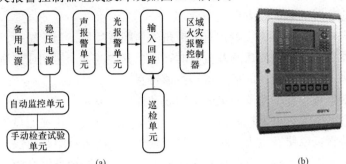

图 2-3 区域火灾报警控制器组成及外观

（a）区域火灾报警控制器结构及组成；（b）某款产品外观图

区域火灾报警控制器的主要功能包括：火灾报警、故障报警、自检功能、火警记忆功能、输出控制功能、主备电源自动转换功能、火警优先功能、手动检查功能。

2. 区域报警系统

区域报警系统主要用来对二级保护对象的火情监测和保护。区域报警系统是最简单的一类火灾报警系统，其监控区域限于一个较小的区域。区域报警系统由区域火灾报警控制器和各类火灾探测器组成，其构成如图 2-4 所示。

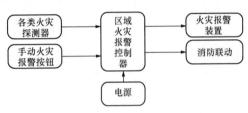

图 2-4 区域报警系统的结构

一个区域报警系统组成及组件连接的情况如图 2-5 所示。从途中看到一个区域控制器可以挂接多条总线；感烟探测器、感温探测器、输入输出模块及楼层显示盘等部件可以挂接在同一条总线上，利于施工安装，节省布线。

3. 区域报警系统的设计要求

区域报警系统保护对象规模较小，对联动控制功能要求简单，或不配置联动控制功能。

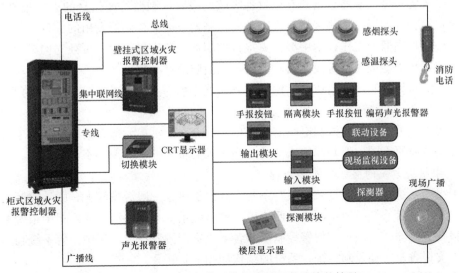

图 2-5 一个区域报警系统组成及组件连接的情况

区域报警系统的设计，应满足下列要求：

（1）一个报警区域宜设置一台区域火灾报警控制器（火灾报警控制器），系统中区域火灾报警控制器不应超过两台，以方便用户管理。

（2）区域火灾报警控制器应设置在有人值班的房间或场所。当系统中设有两台区域火灾报警控制器且分设在两个不同的房间及位置时，应以其中的一个房间或处所为主值班室，同时将另一台区域火灾报警控制器的信号送到主值班室。

（3）也可以根据用户要求设置简单的消防联动控制环节。

（4）当用一台区域火灾报警控制器监测多个楼层的火情时，应在明显位置设置识别着火楼层的灯光显示装置，以便发生火情时，及时正确引导消防人员组织疏散、扑救活动。

（5）区域火灾报警控制器可以壁挂安装在墙上，其底边距地高度宜为 1.3～1.5m。

一个简易型的区域报警系统如图 2-6 所示。区域报警系统适用于小型、不做防火分区控制的火灾自动报警系统。

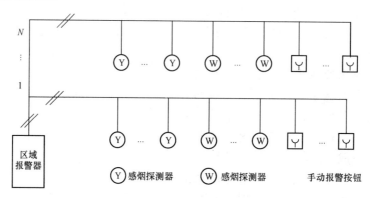

图 2-6　一个简易型的区域报警系统

2.2.3　集中报警系统

1. 集中火灾报警控制器

集中型火灾报警控制器是指具有接收各区域型报警控制器传递信息的火灾报警控制器。集中型火灾报警控制器能接收区域型火灾报警控制器或火灾探测器发出的信息，并能控制区域型火灾报警控制器的工作。集中型火灾报警控制器一般容量较大，可独立构成大型火灾自动报警系统，集中型火灾报警控制器一般安装在消防防控制室。

集中火灾报警控制器的组成包括输入回路、光报警单元、声报警单元、自动监控单元、手动检查试验单元和稳压电源、备用电源等。

集中火灾报警控制器的控制电路的输入单元部分、显示单元部分的构成和要求与区域火灾报警控制器有所不同，但基本组成部分与区域火灾报警控制器差异不大。

2. 集中报警系统的组成方式和结构

集中报警系统是一种较复杂的报警系统，其保护对象一般规模较大，联动控制功能要求较复杂。集中报警系统一般由两个及两个以上的区域报警系统组织而成。集中报警系统由集中火灾报警控制器、区域火灾报警控制器和各类火灾探测器组成，集中报警系统功是能较为复杂的火灾报警及联动控制系统，系统的结构如图 2-7 所示。

集中报警系统的实物组织和连接关系如图 2-8 所示。

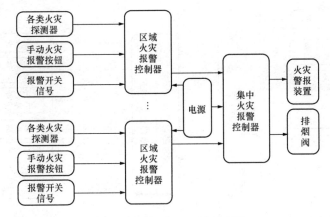

图 2-7　集中式报警系统的结构

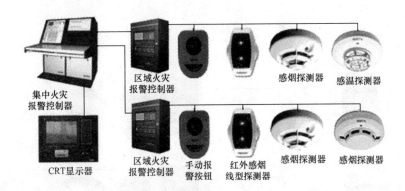

图 2-8　集中报警系统的结构及实物连接关系

3. 集中报警系统的设计要求

集中报警系统的设计，应满足下列要求：

（1）系统中应设置一台集中火灾报警控制器和两台及以上区域火灾报警控制器，或设置一台火灾报警控制器（集中火灾报警控制器）和两台及以上区域显示器。

（2）系统中应设置消防联动控制环节及设备。

（3）集中火灾报警控制器（火灾报警控制器），应能显示火灾报警部位信号和控制信号，以及进行联动控制。

（4）集中火灾报警控制器（火灾报警控制器）消防联动控制设备在消防控制室内的布置要满足规范要求。

2.2.4　控制中心报警系统和设计要求

1. 控制中心报警系统

控制中心报警系统必须设置消防值班室，系统也是由：集中火灾报警控制器、区域火灾报警控制器和分布在不同现场区域的各类火灾探测器等组成，消防控制室内还有消防联动控制设备、区域显示器等。控制中心报警系统是功能较为复杂及齐全的火灾自动报警系统，其构成如图 2-9 所示。控制中心报警系统实物连接关系如图 2-10 所示。

2. 控制中心报警系统的设计要求

控制中心报警系统是一种保护对象规模较大，联动控制功能要求较为完善和复杂，系统

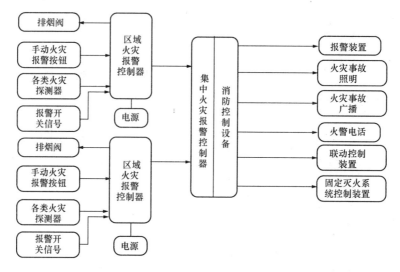

图 2-9　控制中心报警系统结构

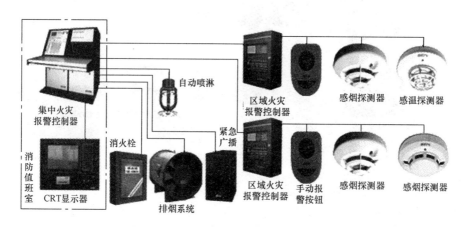

图 2-10　控制中心报警系统实物连接关系

整体较为复杂的。控制中心报警系统的设计，应符合下列要求：

（1）系统中至少应设置一台集中火灾报警控制器、一台专用消防联动控制设备和两台及以上区域火灾报警控制器，或至少设置一台火灾报警控制器、一台消防联动控制设备和两台及以上区域显示器（灯光显示装置）。

（2）系统应能集中显示火灾报警部位信号和联动控制状态信号。

（3）系统中设置的集中火灾报警控制器（火灾报警控制器）和消防联动控制设备在消防控制室内的布置要满足规范要求。

3. 火灾报警控制器的功能

集中火灾报警控制器和区域火灾报警控制器的关系是主控制器和分控制器的关系。但不管是哪一类火灾报警控制器，都应该具备以下一些主要功能：

（1）当火灾探测器有火情信号输出时，控制器在确认后发出报警讯响；当火灾探测器出现故障或与控制器之间的连线断开或短路时，控制器黄色故障灯闪亮。

（2）灯光报警、联动显示。

（3）报警记录。

（4）自动巡检（报警控制器不间断地对每个火灾探测器进行巡回检查）。

（5）自检。

（6）报警信息显示。

（7）火灾探测器隔离。

（8）系统配置与现场编程通过键盘操作完成消防联动的逻辑功能编程。

（9）提供标准通信接口，与 PC 机连接，具有对系统内消防设备的控制功能。

2.3　消防系统中的总线制和探测器的地址编码

所谓总线制，就是从报警控制器引出 2 条传输线当作总线，所有的探测器都挂接到该总线上，多线制就是从报警控制器引出多条线路，一般都是一个探测器需敷设引出 2 条传输线。当系统中的探测点数量较多时，多采用总线和多线的结合方式。

消防报警系统由报警和联动两部分组成，消防报警部分由总线控制，联动部分可以采用总线控制也可以采用多线控制。

不同的消防设备生产厂商总线挂接探测点数不同，回路容量也不同。

多线制是针对总线制来说的，我们国家消防规范有规定，对于一些重要的设备（如消火栓泵、喷淋泵、排烟机等）必须用多线制进行控制，也就是每台设备必须有单独的控制线与消防主机相连接，这样即使某个设备的线路出现了故障或被火烧断也不会影响其他设备的使用。

总线制布线方式的优点：布线简单，施工方便，工程造价低。缺点：一旦某处线路有问题可能会影响一段线路（也可能整个回路）上的设备不能正常工作。

多线制优点：一处线路有问题不会影响其他设备的正常工作。缺点：布线复杂，工程造价高。

在总线制中，一个回路中可以既有探测器、手动报警按钮，又有控制消防联动设施动作与接受动作回授信号的控制模块回路。也就是设备是并联在一根总线上的。采用总线制布线方式比较简单。一般情况下，如果消防联动设施数量比较多且集中，采用总线制比较经济合理。

多线制中，对消防联动设施的控制是一对一、点对点的控制回路。多线控制是由主机控制室用于手动控制的。

2.3.1　火灾探测器的线制及探测器和手动报警按钮的接线举例

火灾探测器的线制是指探测器与控制器之间电源线、信号线、控制线等线缆的接线规则。按照线制来划分火灾报警及控制系统，可以分为多线制和总线制系统。较老型号的系统一般是多线制系统，较新的火灾报警及控制系统一般都是总线制系统并广为使用。总线制又分为有极性总线和无极性总线。此处不再介绍多线制系统，主要介绍总线制系统。第三代火灾报警及控制系统指的就是总线制系统。

采用地址编码技术，使用总线制构建系统，系统的布线大为简化，能够大量节省通信和引入电源的线缆，除此而外，采用总线制的系统在设计、施工和维护方面相对传统的多线制系统都有极大的优势。

采用总线制的火灾自动报警控制器，带有数个回路，每个回路可以带若干个探测器或模块。回路上接隔离器，每个元件都有隔离器进行分离。

总线制按连接线缆数量不同又分为四总线制和两总线制。

1. 四总线制

使用四总线制连接探测器和区域控制器的连接关系如图 2-11 所示。

四总线指：

（1）P 线（红色）：具备多功能，提供电源，编码、选址信号。

（2）T 线（蓝色或黄色巡检线）：巡检线，通过自检信号，监测探测器的传输线通信是否正常，有无故障。

（3）S 线（绿色）：信号线，探测器监测到的信号通过该线缆传送给区域控制器。

（4）G 线（黑色）：公共地线。

4 条总线用于不同的颜色，其中 P 为红色电源线，S 为绿色信号线，T 为蓝色或黄色巡检线，G 为黑色地线。

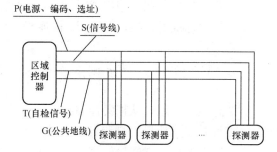

图 2-11　使用四总线制连接探测器和区域控制器的连接关系

从区域控制器接出一条提供 DC24V 的电源线，用总线方式为各个探测器提供电源，所以连接火灾探测报警器与区域控制器的线缆实际上有 5 条。

2. 二总线制

火灾报警及控制系统大量应用的情况是采用有两条总线的二总线制。二总线制中的两根线分别是 P 线和 G 线，P 线的作用是供电、选址、自检和拾取探测器的信号，P 线的颜色是红色；G 线是公共地线，颜色是黑色。

二总线制分为有极性二总线和无极性二总线。无极性二总线在接线时是不分正负极性的。二总线制又分为树状拓扑（接线），如图 2-12 所示。树状拓扑接线的二总线系统中，如果出现总线意外断线故障，则断点外侧所接入的探测器就不能正常工作了，如图 2-13 所示。

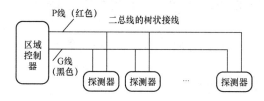

图 2-12　二总线的树状拓扑

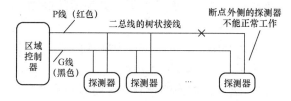

图 2-13　断点外侧所接入的探测器就不能正常

环状拓扑（接线）的结构如图 2-14 所示。

环状拓扑（接线）的结构中，如果出现总线断线，则断点内侧（靠近区域控制器一侧）和断点外侧的探测器的工作都不会受到影响。在环状拓扑（接线）的情况下，控制器用到四个接点，而探测器还是两个接点。

链式拓扑（接线）如图 2-15 所示。

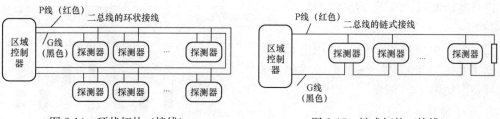

| 图 2-14 环状拓扑（接线） | 图 2-15 链式拓扑（接线） |

二总线制组织的系统中各组件的连接接线简单，施工效率高，节约大量线缆，一幢建筑物中某一个楼层的火灾探测器在二总线制系统中连接的平面图如图 2-16 所示。

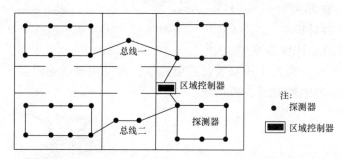

图 2-16 某一个楼层火灾探测器总线连接的平面图

2.3.2 探测器的地址编码

1. 地址编码及手动编码

火灾报警及控制系统中的探测器分布在建筑中的不同位置及区域，一旦发生火情，火灾报警控制器及监控人员需要知道火情发生的准确位置，因此火灾探测器、手动报警按钮等都需要进行地址编码。另外在搭建火灾报警及控制系统时，一般需要对报警点进行回路划分，按照就近原则，将若干个点划分在一个回路里面，然后将每个探测设备的地址按照 1～156 进行编码。用手持编程器，把地址位置在手持编程器内设好，然后装上探测器进行写地址，完成地址写入。

下面以一个编码型手动报警按钮的地址编码为例。通过手动报警按钮上的 7 位微动开关进行地址编码的原理如图 2-17 所示。

通过 7 位编码开关进行地址编码的权重关系见表 2-1。

表 2-1　　　　　　　　　　　通过 7 位编码开关进行地址编码

编码开关位数 n	1	2	3	4	5	6	7
对应数 2^{n-1}	1	2	4	8	16	32	64

探测器的编码可以和房间号吻合，也可以按分区来编号。七位微动开关中处于"ON"（接通）位置的开关所对应的数之和就是十进制的编码数字。例如，当 0 位、1 位、2 位、5 位和 6 位处于"off"，第 3 位、4 位处于"on"时，对应的二进制编码的按权展开式为

$$0\times2^0+0\times2^1+0\times2^2+1\times2^3+1\times2^4+0\times2^5+0\times2^6$$

对应的十进制数是 24，探测器可编码范围为 1～127。

探测器手动编码举例：某建筑 43 号房间设置了一个编码型感温探测器，使用 7 位微动

开关进行地址编码，编码号是 43 号，如图 2-18 所示。

实际工程中应用更多的是使用电子编码器来写入地址编码。一种电子编码器的外观图如图 2-19 所示。

2. 电子编码器编码

传统的探测器编码需要人工通过机械式拨码设置才能完成，编码效率低，技术要求高，容易出现错码，并且为了方便编码，探测器底部需留出编码口，这样容易造成探测器对粉尘、潮气的密封不良，使探测器的整体性能变差。电

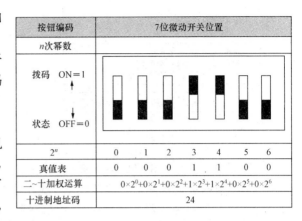

按钮编码	7位微动开关位置						
n 次幂数							
拨码 ON=1 ↑ 状态 OFF=0							
2^n	0	1	2	3	4	5	6
真值表	0	0	0	1	1	0	0
二～十加权运算	$0×2^0+0×2^1+0×2^2+1×2^3+1×2^4+0×2^5+0×2^6$						
十进制地址码	24						

图 2-17　7 位微动开关进行地址编码的原理

子编码器利用键盘操作，输入十进制数，简单易学。可以用电子编码器，读写探测器的地址，电子编码器的外形结构如图 2-20 所示。

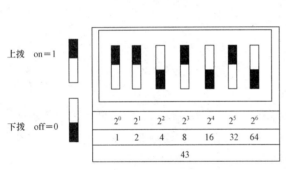

图 2-18　探测器手动编码举例

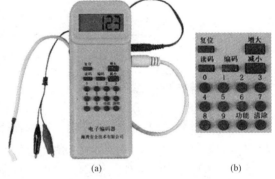

图 2-19　一种电子编码器的外观图
（a）GST-BMD-2 电子编码器；（b）操作按键和数字按键

其中的部分使用功能说明：

（1）液晶屏：显示有关探测器的一切信息和操作人员输入的相关信息。

（2）总线插口：编码器通过总线插口与探测器或模块相连。

（3）火灾显示盘接口（I2C）：编码器通过此接口与 ZF-GST8903 火灾显示盘或以 I2C 编程方式编码的探测器相连。

（4）复位键：当编码器由于长时间不使用而自动关机后，按下复位键可以使系统重新上电并进入工作状态。

（5）G3 系列探测器总线接口：旋接 JTY-GD-G3、JTW-ZCD-G3N、JTF-GOM-GST601 等探测器。

（6）GST9000 系列探测器总线接口：旋接 JTY-GM-GST9611、JTW-ZOM-GST9612、JTF-GOM-GST9613 等探测器。

（7）保护盖：保护后盖的总线接口，以免发生短路等事故。

通过电子编码器对与系统中火灾探测器、模块等进行十进制电子编码，不用进行二进制

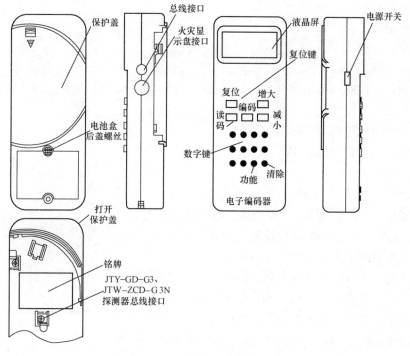

图 2-20　电子编码器的部分使用功能说明

换算，所以编码简单快捷。由于没有编码器则无法随便改动编码，因此电子编码方式的编码可靠性高。使用电子编码器对火灾探测器和模块进行地址编码的操作方法：将编码器带线夹的两根线和探测器底座的两个斜对角接点连接，开机后，按键写入给定的地址编码，再按"编码"键，如果出现"P"时表示编码成功。

2.4　火灾自动报警系统中的部分重要设备

2.4.1　输入输出模块

1. 输入模块

输入模块也叫监视模块，其功能是接收现场装置的报警信号，实现信号向火灾报警控制器的传送。某公司生产的一款编码输入模块如图 2-21 所示。

此模块用于现场各种一次动作并有动作信号输出的被动型设备如排烟阀、送风阀、防火阀等接入到控制总线上。

本模块采用电子编码器进行编码，模块内有一对常开、常闭触点。模块具有直流 24V 电压输出，用于与继电器触点接成有源输出，满足现场的不同需求。另外模块还设有开关信号输入端，用来和现场设备的开关触点连接，以便对现场设备是否动作进行确认。应当注意的是，不应将模块触点直接接入交流控制回路，以防强交流干扰信号损坏模块或控制设备。

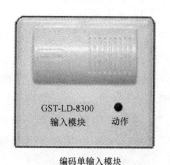

编码单输入模块

图 2-21　一款编码输入模块

主要技术指标：

（1）工作电压：

总线电压：总线 24V。

电源电压：DC 24V。

（2）线制：与控制器采用无极性信号二总线连接，与 DC 24V 电源采用无极性电源二总线连接。

（3）无源输出触点容量：DC 24V/5A。

（4）有源输出容量：DC 24V/1A。

2. 输入/输出模块

介绍一种型号为 GST-LD-8301 型输入/输出模块，如图 2-22 所示。该输入/输出模块的主要功能是用于现场各种一次动作并有动作信号输出的被动型设备，如排烟阀、送风阀、防火阀等接入到控制总线上。

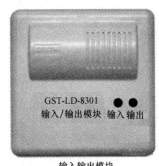

输入输出模块

图 2-22　输入/输出模块

该模块采用电子编码器进行编码，模块内有一对常开、常闭触点。模块具有直流 24V 电压输出，用于与继电器触点接成有源输出，满足现场的不同需求。另外模块还设有开关信号输入端，用来和现场设备的开关触点连接，以便对现场设备是否动作进行确认。本模块具有输入、输出具有检线功能。应当注意的是，不应将模块触点直接接入交流控制回路，以防强交流干扰信号损坏模块或控制设备。

主要技术指标：

（1）工作电压：

总线电压：总线 24V。

电源电压：DC 24V。

（2）线制：与控制器采用无极性信号二总线连接，与 DC 24V 电源采用无极性电源二总线连接。

（3）无源输出触点容量：DC 24V/2A，正常时触点阻值为 $100k\Omega$，启动时闭合，适用于 12～48V 直流或交流。

（4）输出控制方式：脉冲、电平（继电器常开触点输出或有源输出，脉冲启动时继电器吸合时间为 10s）。

2.4.2　声光报警器

1. 基本功能

声光报警器也叫声光讯响器，其作用是：当现场发生火灾并被确认后，安装在现场的声光讯响器可由消防控制中心的火灾报警控制器启动，发出声光报警信号。声光报警器连接 DC 24V 电源即可发出声光报警信号，可以通过输出模块与总线型火灾报警控制器配套使用，也可与气体灭火报警器组成气体灭火报警系统。

2. SG-991K 火灾声光警报器外观及接线

SG-991K 火灾声光警报器外观及接线端子如图 2-23 所示。

3. 声光警报器的分类

声光警报器分为非编码型与编码型两种。编码型可直接接入报警控制器的信号二总线，

 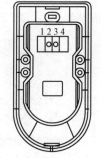

端子定义（左图所示编号）
1—空脚。
2—DC 24V电源接入端正(DC 24V)。
3—DC 24V电源接入端负（GND）。
4—空脚

图 2-23　声光警报器外观及接线端子

要配置 DC 24V 外部电源，声光报警器的地址由手持式电子编码器设定。非编码型可直接由有源 24V 常开触头进行控制，如用手动报警按钮的输出触头控制等。

4.某型声光警报器的接线端子

HX 100B 型声光警报器的接线端子如图 2-24 所示。

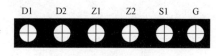

图 2-24　HX 100B 型声光
警报器的接线端子

接线端子说明：

Z1、Z2：HX 100B 型声光警报器与火灾报警控制器信号二总线连接的端子。

D1、D2：是声光警报器与 DC 24V 电源线或 DC 24V 常开控制触头连接的端子。

S1、G：是外控输入端子。

连接线缆：信号二总线 Z1、Z2 采用 RVS 阻燃型双绞线；电源线 D1、D2 采用 BV 线；S1、G 采用 RV 线，如图 2-25 所示。

阻燃RVS双绞线　　　　　　BV线　　　　　　　　RV线

图 2-25　连接线缆

编码型火灾声光警报器接入报警总线和 DC 24V 电源线，共四线。

编码型火灾声光警报器如果要直接受控于手动报警按钮的按下按钮操作时，将手动报警按钮的无源常开触头和声光警报器的 D1、D2 端子连接如图 2-26 所示。发生火情时，手动报警按钮可直接启动声光警报器。

2.4.3　总线中继器及其使用

1.总线中继器的功能

以 GST-LD-8321 中继模块介绍总线中继器的功能、接线和使用，GST-LD-8321 中继模块如图 2-27 所示。

总线中继器的功能有两点：作为总线信号输入与总线输出间进行电气隔离，完成探测器总线的信号隔离传输，可增强整个系统的抗干扰能力；扩展探测器总线通信距离的功能。

GST-LD-8321中继模块主要用于总线处在有比较强的电磁干扰的区域及总线长度超过1000m需要延长总线通信距离的场合，该装置采用DC 24V供电。

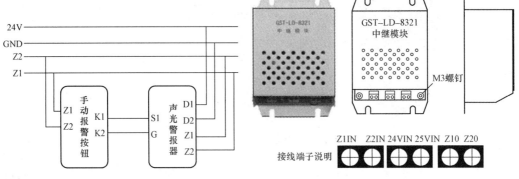

图2-26　声光警报器和手动报警按钮的连接　　　　图2-27　总线中继器

2．技术指标

（1）总线输入距离≤1000m。

（2）总线输出距离≤1000m。

（3）电源电压：DC18～DC 27V。

（4）带载能力及兼容性：可配接1～242点总线设备，兼容所有总线设备。

（5）隔离电压：总线输入与总线输出间隔离电压大于或等于1500V。

3．安装与布线

在图2-27中，GST-LD-8321中继模块采用M3螺钉固定，室内安装，图中给出了模块的对外接线端子图。其中：

24VIN：DC 24V电源无极性输入端子，电源与中继器的输出总线接地。

Z1IN、Z2IN：无极性信号二总线输入端子，与控制器无极性信号二总线输出连接，距离应小于1000m。

Z10、Z20：隔离无极性两总线输出端子，总线最大长度应小于1000m。

布线要求：无极性信号二总线采用阻燃RVS双绞线，截面积大于或等于1.0mm^2；24V电源线采用阻燃BV线，截面积大于或等于1.5mm^2。

2.4.4　总线隔离器和总线驱动器

1．总线隔离器

在总线制火灾自动报警系统中，往往会出现某一局部总线出现故障（例如短路）造成整个报警系统无法正常工作的情况。隔离器的作用是，当总线发生故障时，将发生故障的总线部分与整个系统隔离开来，以保证系统的其他部分能够正常工作，同时便于确定出发生故障的总线部位。当故障部分的总线修复后，隔离器可自行恢复工作，将被隔离出去的部分重新纳入系统。总线隔离器又称短路隔离器，其实物与对外接线端子如图2-28所示。

总线隔离器实物图

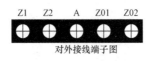

图2-28　总线隔离器与对外接线端子

2. 总线隔离器布线

在图 2-28 所示中，总线隔离器对外接线的端定义如下：

Z1、Z2：无极性信号二总线输入端子。

Z01、Z02：无极性信号二总线输出端子。

A：动作电流选择端子。

该总线隔离器最多可接入 50 个编码设备（含各类探测器或编码模块）；动作电流选择端子 A 与 Z01 短接时，隔离器最多可接入 100 个编码设备（含各类探测器或编码模块）。

布线要求：直接与信号二总线连接，无需其他布线，可选用截面积大于或等于 $1.0\mathrm{mm}^2$ 的 RVS 双绞线。

3. GST-LD-8313 部分主要技术指标

（1）工作电压：总线 24V。

（2）动作电流：≤100mA。

（3）动作确认灯：黄色。

4. 总线隔离器的应用例。

总线隔离器对不同的各分支回路能够实现短路保护，一个具体的应用线路如图 2-29 所示。

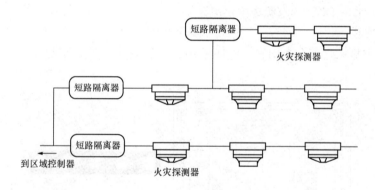

图 2-29　总线隔离器对不同分支回路的短路保护

一个系统图设计中总线隔离器的应用如图 2-30 所示。

5. 总线驱动器

总线驱动器的主要功能是增强总线的驱动能力或称为带载能力。在一台区域火灾报警控制器监控部件数量较大时，所监控设备电流超过一个较大值时要增加总线驱动器增强驱动能力。如果总线传输距离太长、挂接的探测器及其他功能设备组件数量较多时，使用总线驱动器增强带载能力。

总线驱动器的使用要根据不同厂家产品的相关产品说明书进行。

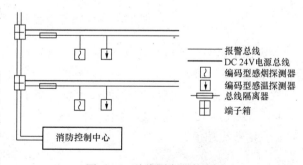

图 2-30　总线隔离器的应用

2.4.5　火灾显示盘

1. 火灾显示盘的功能及部分技术参数

火灾显示盘是一种可以安装在楼层或独立防火区内的数字式火灾报警显示装置。它通过总线与火灾报警控制器相连，处理并显示控制器传送过来的数据。当建筑物内出现火情时，

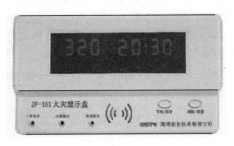

图 2-31　火灾显示盘实物图

消防控制中心的火灾报警控制器产生报警，同时把报警信号传输到火情区域的火灾显示盘上，火灾显示盘将火情区域的报警探测器编号及相关信息显示在数字显示屏上，同时发出声光报警信号，以通知失火区域的人员。当用一台报警控制器同时监控数个楼层或防火分区时，可在每个楼层或防火分区设置火灾显示盘以取代区域报警控制器。某款火灾显示盘实物如图 2-31 所示。该款火灾显示盘部分主要技术指标：

（1）显示容量：多达 50 个报警信息。

（2）线制：与火灾报警控制器间采用有极性二总线连接，另需两根 DC24V 电源供电线（不分极性）。

（3）电源：采用 DC24V 电源集中供电。

2. 安装与布线

ZF-101 火灾显示盘配合专用安装底座采用壁挂式安装，其底座及安装接线示意图如图 2-32 所示。

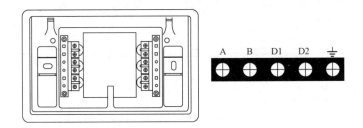

图 2-32　火灾显示盘底座及安装接线示意图

火灾显示盘与底座间可直接卡接，安装显示盘前可先将底座固定在墙壁上；安装接线端子说明如图 2-32。其中：

A、B：连接火灾报警控制器的通信总线端子。

D1、D2：DC 24V 电源线端子，不分极性。

⏚：接地线端子。

2.5　消防控制室和火灾报警联动控制器

2.5.1　消防控制室

消防控制室是消防系统的核心部位，该区域安装有集中报警控制器、联动控制设备、消

防通信设备、应急广播设备、监控计算机，以及消防监控设备用的交、直流电源和 UPS 电源等设备。

火灾自动报警系统和消防联动控制系统的控制室可与其他智能化系统合用控制室，如中控室，但消防控制系统的设备宜单独设置，保持相对独立。

消防控制室作为消防控制中心是整个消防报警及联动控制系统的中枢，主要配置管理控制主机、带 CRT 中文显示功能的火灾报警联动控制器、消防电话主机系统以及消防广播控制系统等，该系统负责整个系统信息的通信、显示、管理和控制，并按预先设定的联动功能软件自动/手动输出控制信号启动相关的联动设备完成防火和灭火功能，并保证建筑内的人员安全疏散和财产免受损失。其主要信息如火灾报警、故障以及设备状态等分别以不同的颜色和符号在消防中心管理主机上以文字和图形方式显示。

2.5.2　消防控制室的火灾报警联动控制器

配备在消防控制中心的火灾报警联动控制器可以全面监视整个建筑的火灾报警信息、火势蔓延状况、消防联动设备的工作状态，实现在火灾发生时对整个火灾现场的总体监控。消防控制中心的火灾报警联动控制器的主要特点：

（1）功能强、可靠性高。该控制器采用双总线控制方式，当任何条一总线发生故障时，另一总线仍能继续正常工作，对总线连接的各种设备，控制器都设有不掉电备份，保证在系统注册的设备全部受到监控。

（2）灵活的模块化结构和多种功能配置选择。

（3）配备智能化手动消防启动盘，较好解决了报警联动一体化系统的工程布线、设备配置、安装调试等方面存在的固有问题。

（4）具备全面自检功能的多线制控制模块。消防中心配置的管理微机负责对建筑内消防系统的日常运行进行全面的监视和管理，通过微机的显示屏幕动态显示建筑物分楼区和分楼层的火灾实况，并及时发出警报与处置指示，使现场人员做到安全避难。

2.6　火灾自动报警系统中的各类火灾探测器

2.6.1　火灾探测器的分类和型号

消防系统中有很多火灾报警探测器分布在建筑物的不同区域，进行火情监测。火灾探测器种类很多，通常可以按照其结构形式、被探测参量以及使用环境进行分类，其中以被探测参量分类最为多见，也是工程设计中较多采用的分类方法。

1. 按结构形式分类

（1）点型火灾探测器，这类探测器主要用于对"点区域"的监控。

（2）线型火灾探测器，常装置于一些特定环境区域，如电缆隧道这样一些窄长区域。

2. 按探测器的参量分类

按探测器的参量分类可分为感烟、感温、感光（火焰）、气体以及复合探测器等几大类。

（1）感烟火灾探测器，感烟探测器又分为离子型、光电型、激光型、电容型和红外光束型等数种形式。

（2）感温火灾探测器，它是一种动作于引燃阶段后期的"早中期发现"的探测器。根据监测温度参数的不同，感温火灾探测器有定温、差温和差定温三种类别。

感温火灾探测器又可以分为许多类型，此处不再赘述。

（3）感光火灾探测器，也叫火焰探测器或光辐射探测器，主要分为红外光火焰探测器和紫外光火焰探测器两类。

（4）复合式火灾探测器，如感烟感温式，感光感温式和感光感烟式等。

（5）气体火灾探测器，这种探测器对可燃性气体浓度进行检测，对周围环境气体进行"空气采样"，对比测定，而发出火灾警报信号。

3. 按使用环境分类

按使用环境分类可分为普通型、防爆型、船用型以及耐酸碱型等。

（1）普通型。用于环境温度在 $-10℃ \sim 50℃$，相对湿度在 85% 以下的场合。

（2）防爆型。适用于易燃易爆场合。对其外壳和内部电路均有严格防爆、隔爆要求。

（3）船用型。其特点是适用于耐温耐湿，即环境温度高于 $50℃$，湿度大于 85% 的场合。

（4）耐酸耐碱型。用于周围环境存在较多酸、碱腐蚀性气体的场所，如民用建筑中的感温探测器利用半导体元件对温度的敏感性来探测火情。感温探测器有三种类型。

4. 定温、差温和差定温式感温探测器

（1）定温式感温探测器。发生火情和火灾引起的温度上升超过某个定值时，定温式探测器能够在规定时间内，进行报警。定温式探测器分为线型和点型两种结构。线型是当温度达到一定值时，可熔绝缘物熔化而使导线接通从而产生报警信号。点型是利用双金属片、易熔金属、热电偶、热敏半导体电阻等元件在温度达到一定值时产生报警信号。

（2）差温式探测器。差温式探测器能在环境温度变化达到规定的升温速率以上时，接通开关发出报警信号。

（3）差定温式探测器。这种感温探测器是将定温式探测器和差温式探测器两种探测器集成在一起。

火灾报警探测器还可以根据操作后是否可以复位分为可复位探测器和不可复位探测器；还可以根据维修保养时是否可以拆卸维修分为可拆式探测器和不可拆式探测器。

部分火灾报警探测器的外观如图 2-33 所示。

5. 智能型火灾探测器

为了防止误报，智能型火灾探测器预设了针对常规及个别区域和用途的火情判定计算规则，探测器本身带有微处理信息功能，可以处理由环境所收到的信息，并针对这些信息进行计算处理，统计评估。结合火势很弱—弱—适中—强—很强的不同程度，再根据预设的有关规则，把这些不同程度的信息转化为适当的报警动作指标，如"烟不多，但温度快速上升—发出警报"，又如"烟不多，且温度没有上升—发出预警报"等。

智能型火灾探测器能自动检测和跟踪由灰尘积累而引起的工作状态的漂移，当这种漂移超出给定范围时，自动发出故障信号，同时这种探测器跟踪环境的变化，自动调节探测器的工作参数，因此可大大降低由灰尘积累和环境变化所造成的误报和漏报。

智能型火灾探测器都有一些共同的特点，比如为了防止误报，预设了一些针对常规及个别区域和用途的火情判定计算规则，探测器本身带有微处理信息功能，可以处理由环境所收到的信息，并针对这些信息进行计算处理、统计评估；能自动检测和跟踪由灰尘积累而引起的工作状态的漂移，当这种漂移超出给定范围时，自动发出清洗信号，同时这种探测器跟踪

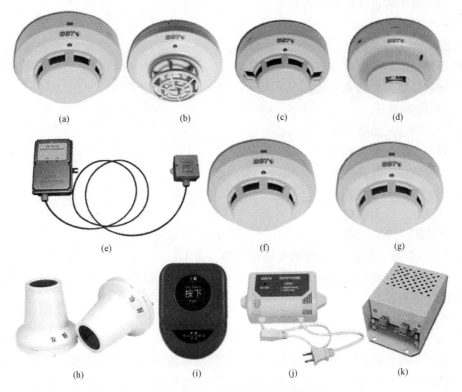

图 2-33　部分火灾报警探测器的外观

（a）智能光电感烟探测器；（b）智能电子差定温感温探测器；（c）烟温复合探测器；（d）智能紫外火焰探测器；（e）智能缆式线型感温探测器；（f）非编码光电感烟探测器；（g）非编码烟温复合探测器；（h）红外光束感烟探测器；（i）智能编码手动报警按钮（带消防电话插座）；（j）可燃气体探测器；（k）总线中继器

环境的变化，自动调节探测器的工作参数，因此可大大降低由灰尘积累和环境变化所造成的误报和漏报；同时还具备自动存储最近时期的火警记录的功能。随着科技水平的不断提高，智能型探测器得到了非常广泛的应用。

6．火灾探测器的型号

火灾报警产品种类繁多，其命名依据是国家标准，使用特定的字母及数字序列来表示型号，不同的字符和数字标识不同的信息。

火灾探测器的型号字符和数字序列意义说明如图 2-34 所示。

（1）J（警）：消防产品分类代号。

（2）T（探）：火灾探测器代号。

（3）火灾探测器分类代号，各类火灾探测器的分类标识信息如下：

G（光）：感光火灾探测器。

Q（气）：可燃性气体探测器。

F（复）：复合式火灾探测器。

Y（烟）：感烟火灾探测器。

W（温）：感温火灾探测器。

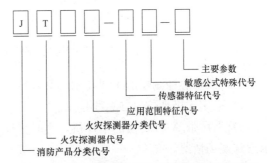

图 2-34　火灾探测器的型号字符和数字序列意义

（4）应用范围特征代号表示方法如下：

B（爆）：防爆型。

C（船）：船用型。

非防爆型或非船用型可以省略，无须注明。

（5）敏感传感器特殊表示法：

LZ（离子）：离子。

GD（光、电）：光电。

MD（膜、定）：膜盒定温。

（6）复合式探测器表示方法如下：

GW（光温）：感光感温。

GY（光烟）：感光感烟。

YW（烟温）：感烟感温。

YW-HS（烟温—红束）：红外光束感烟感温。

（7）主要参数：表示灵敏度等级（1，2，3级），对感温感烟探测器标注（定温、差定温用灵敏度级别表示）。

2.6.2 感温火灾探测器

1. 感温火灾探测器

感温火灾探测器有点型和线型之分，线型探测器多指缆式线型探测器。感温火灾探测器有定温、差温以及差定温之分。定温探测器依据灵敏度分为 3 个报警级别，分别对应报警温度为 60℃、68℃、76℃。差定温探测器：是指温度达到或超过预定值时或升温速率（温度增加的变化率）超过预定值时均响应的线型火灾探测器。差定温线型探测器的报警值是预设的温度值和温度的变化率，两者其一达到条件时均可引发报警。

2. 点型感温火灾探测器

某智能型感温火灾探测器和外形结构如图 2-35 所示。

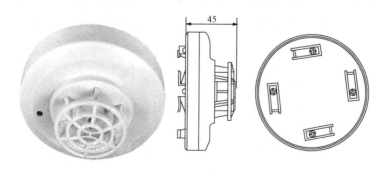

图 2-35　某智能型感温火灾探测器和外形结构

（1）该感温探测器的主要技术参数及特点。

1）采用无极性信号二总线技术。

2）采用带 A/D 转换的单片机，实时采样处理数据、并能保存若干个历史数据，曲线显示跟踪现场情况。

3）可编码的感温探测器，地址编码由电子编码器直接写入。

4）工作电压：总线 24V。

5）报警确认灯：红色，巡检时闪烁，报警时常亮。

6）使用环境：温度−10℃～+50℃；相对湿度小于或等于 95%，不结露。

7）保护面积：当空间高度小于 8m 时，一个探测器的保护面积，对一般保护现场而言为 20～30m²。具体设计参数应以《火灾自动报警系统设计规范》（GB 50116）为准。

（2）说明。所谓的智能型探测器，一般是指探测器内嵌入了微处理器或智能芯片；可编码是指可以为该探测器设定一个确定的标识码，来标识探测器与安装房间及区域位置的关系，比如：27 号房间设置的探测器编码为 27 号，就表示了探测器与安装房间和位置的关系。

3．一个智能型的点型感温火灾探测器的安装接线

一个智能型的点型感温火灾探测器的外观结构如图 2-36 所示。

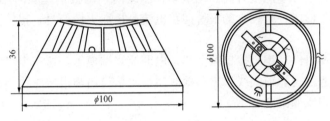

图 2-36　一个普通点型感温火灾探测器的外观结构

（1）功能特点：

1）由于是智能型探测器，因此探测器内包含微处理器，能够对采集到的数据进行存储、分析和判断，具有自诊断功能。

2）输出温度升降曲线。可以通过控制器查看现场的温度升幅曲线。

3）稳定性高。抗灰尘附着、抗电磁干扰、抗腐蚀、抗环境温度影响能力强。

（2）主要技术指标：

工作电压：DC 19～28V（控制器提供）。

工作温度：−10℃～+50℃。

监视电流：≤0.3mA（24V）。

报警电流：≤3mA（24V）。

确认灯：监视状态瞬时闪亮，报警常亮（红色）。

编址方式：使用专用电子编码器。

保护面积：60～80m²。

线制：二总线，无极性。

最远传输距离：1500m。

（3）安装接线。先将探测器底座 JBF-FD，用 2 只 M4 的螺钉紧固在预埋盒上，注意底座上的门向指示应朝向房门入口或视野所及之处。

采用 2×1.0～1.5mm² 导线，将回路两总线 L1、L2 分别接在端子 1 和端子 3 上，接线不分极性，接线情况如图 2-37 所示。

用编码器对探测器写入部位号（1～200）。将探测器嵌入底座，然后按顺时针方向拧紧即可。

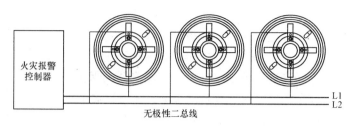

图 2-37　接线情况

4. 缆式线型定温探测器

（1）组成结构。线缆式结构的线形定温探测器由两根弹性钢丝、热敏绝缘材料、塑料色带及塑料外护套组成，如图 2-15 所示。在没有发生火情的情况下，两根钢丝间呈高阻绝缘态，一旦发生火情，当环境温度升高到额定动作温度时，两根钢丝间的热敏绝缘材料熔化，两根钢丝直接短路，形成一个较大的报警回路电流，拾取火情信号，报警控制器发出声、光报警。

探测器主要组要组件有编码接口箱、热敏电缆及终端模等，这三个组件构成一个报警回路，此报警回路再通过智能缆式线形感温探测器编码接口箱与报警总线相连，报警总线接入报警主机，其系统构成如图 2-38 所示。

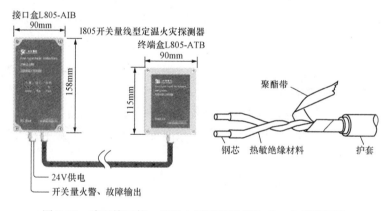

图 2-38　编码接口箱、热敏电缆及终端模构成一个报警回路

（2）接线。缆式线型感温探测器编码接口箱通过感温电缆和终端盒相连，编码接口箱接入无极性总线的两个端子，如图 2-39 所示。

（3）缆式线型感温探测器的使用环境及场所。缆式线型感温探测器的使用环境及场所如下：

1）数据中心、计算机房的闷顶内、地板下及需要进行火情监控的重要且较隐蔽区域等。

2）各种带输运装置、生产流水线和滑道的易燃部位等。

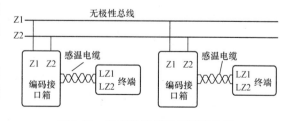

图 2-39　缆式线形感温探测器接线

3）电缆桥架、电缆夹层、电缆隧道、电缆竖井等。

4）其他环境恶劣不适合点型探测器安装的危险场所。

　　（4）探测器的动作温度及热敏电缆长度的选择。探测器动作温度：可在"缆式线型定温探测器的动作温度"中选择；热敏电缆长度可按表达式

$$热敏电缆的长度＝托架长×倍率系数$$

来确定，托架宽与倍率系数的关系可查表。

　　（5）一个工程安装应用举例。

　　1）对输煤系统传送带的火情监控。某电厂输煤系统的传送带如果发生火情，后果非常严重，为此将缆式线型感温火灾探测器应用于该环境进行火情监控。传送带宽度 0.4m，使用一根线型感温火灾探测器并将其固定于传送带中心线正上方位置处，被一根吊线承托，如图 2-40 所示。

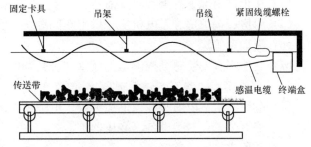

图 2-40　线型感温火灾探测器在传送带上直线敷设

　　探测器的灵敏度可随感温电缆受热长度增加而提高，符合火灾发生规律。

　　缆式线型火灾探测器根据安装场所的不同，用不同的塑料外护套将感温电缆封装，为提高产品的电磁兼容性需要，在感温电缆的外面可以编织金属护套。缆式线型火灾探测器由两根分别用热敏聚合物作为绝缘材料、用弹性钢丝作为线芯的钢导线相互绞合而成，并缠绕保护聚酯带，然后根据环境挤塑相适应的外护套。形成一根外观和普通电线相似的特殊电缆。

　　使用的缆式线型火灾探测器的主要技术参数和特点：

　　① 报警温度等级（℃）：70、85、105、138、180。

　　② 最大使用长度：≤200m，现场使用每个探测回路不宜大于 100m。

　　③ 成本低廉，安装灵活方便，探测范围大，灵敏性高。

　　④ 结构稳定，抗干扰及抗拉性能强；可直接和保护物体接触，其保护距离长、范围广。

　　2）缆式线型火灾探测器的安装说明。

　　① 敷设方式：可以采用直线悬挂、缠绕式或正弦波式进行安装敷设。

　　② 消防感温电缆的使用长度原则上是按线芯阻抗的大小来决定，大约每 2m 双绞线的电阻为 1Ω。但根据防火分区的设置大小，其长度是有限制的，必须满足相关设计规范的要求。一般规定其长度不超过 100m。

　　③ 当感温电缆与火灾报警控制器连接时，应通过转换盒和终端盒经其输入模块转接。

　　④ 感温电缆安装过程中不要将紧固件压得太紧，因为可能压裂外套或挤压内部的绝缘体而引起不必要的麻烦。

　　⑤ 感温电缆可以采用直线悬挂、缠绕式或正弦波式敷设，为提高探测灵敏度，推荐使用直接接触式安装，但如果保护对象经常检修，则建议使用悬挂方式。布线时必须是连续无抽头、无分支的连续布线。

　　⑥ 感温电缆最小弯曲半径为 100mm，不得硬性折弯或扭曲。

　　⑦ 感温电缆安装前用绝缘电阻表测量电缆各芯之间的绝缘状态。若阻值大于或等于 500MΩ，证明探测器未被破坏，可以安全使用。

　　⑧ 缆式线型定温火灾探测器可以分别进行故障报警，通过故障继电器输出，由输入模

块发送。

5. 感温探测器的应用场所

（1）相对湿度经常大于95％。

（2）无烟火灾。

（3）有大量粉尘。

（4）在正常情况下有烟和蒸气滞留。

（5）厨房、锅炉房、发电机房、烘干车间等。

（6）吸烟室等。

（7）其他不宜安装感烟探测器的厅堂和公共场所。

6. 适宜选择缆式线型定温探测器场所

（1）电缆隧道、电缆竖井、电缆夹层、电缆桥架等。

（2）配电装置、开关设备、变压器等。

（3）各种皮带输送装置。

（4）控制室、计算机室的吊顶内、地板下及重要设施隐蔽处等。

（5）其他环境恶劣不适合点型探测器安装的危险场所。

2.6.3 感烟火灾探测器

点感烟型火灾探测器分为离子型和光电型，离子型分为单源型和双源型，光电型分为减光型和放射型；线型探测器分为激光型和红外光型。

离子型灵敏度高，对黑烟敏感，对早期火警反应快；但是放射性元素在生产、制造、运输以及弃置等方面对环境造成污染，将逐步被淘汰。

光电感烟探测器利用红外散射原理研制，无污染、易维护，经过改进的迷宫腔结构具备较高的灵敏度，基本可以解决黑烟报警问题。

1. 散射光光电式感烟探测器

光电式感烟探测器是对能影响红外、可见和紫外电磁波频谱区辐射的吸收或散射的探测器。光电式感烟探测器分为遮光型和散射光型两种。

散射光光电感烟探测器由传感器（光学探测室和其他敏感器件）、火灾算法及处理电路构成。

散射光光电感烟探测器的工作原理为：在敏感空间无烟雾粒子存在时，探测器外壳之外的环境光线被迷宫阻挡，基本上不能进入敏感空间，红外光敏二极管只能接收到红外光束经多次反射在敏感空间形成的背景光；当雾颗粒进入由迷宫所包围的敏感空间时，烟雾颗粒吸收入射光并以同样的波长向周围发射线，部分散射光线被红外光敏二极管接收，形成光电流。

2. 光电感烟火灾探测器

下面通过介绍JTY-GD-G3光电感烟火灾探测器产品来熟悉此类感烟探测器的结构和安装接线。JTY-GD-G3光电感烟火灾探测器外观如图2-41所示。

（1）工作原理。探测器采用红外线散射原理探测火灾，在无烟状态下，只接收很弱的红外光，当有烟尘进入时，由于散射作用，使接收光信号增强，当烟尘达到一定浓度时，可输出报警信号。为减少干扰及降低功耗，发射电路采用脉冲方式工作，可提高发射管使用寿命。

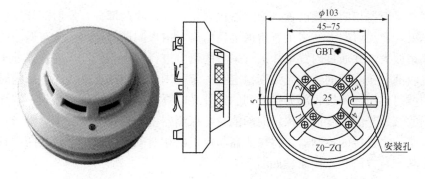

图 2-41　JTY-GD-G3 光电感烟火灾探测器

（2）JTY-GD-G3 光电感烟火灾探测器的特点和技术特性。

1）该探测器是点型光电感烟火灾探测器，采用红外散射原理研制，其结构特点有：

①地址编码可由电子编码器事先写入，也可由控制器直接更改。

②内嵌单片机实时采样处理数据、并能保存 14 个历史数据，曲线显示跟踪现场情况。

③具有温度、湿度漂移补偿，灰尘积累程度及故障探测功能。

④线制采用无极性二总线。

2）技术特性：

①工作电压：信号总线电压：总线 24V。

②工作电流：监视电流≤0.6mA；报警电流≤1.8mA。

③指示灯：报警确认灯，红色，巡检时闪烁，报警时常亮。

④编码方式：电子编码（编码范围为 1～242）。

⑤保护面积：当空间高度为 6～12m 时，一个探测器的保护面积，对一般保护场所而言为 80m^2。空间高度为 6m 以下时，保护面积为 60m^2。具体参数应以《火灾自动报警系统设计规范》（GB 50116）为准。

（3）接线。底座上有 4 个导体片，片上带接线端子。预埋管内的探测器总线分别接在任意对角的二个接线端子上（不分极性），另一对导体片用来辅助固定探测器。

待底座安装牢固后，将探测器底部对正底座顺时针旋转，即可将探测器安装在底座上。

布线要求：探测器二总线宜选用截面积大于或等于 1.0mm^2 的阻燃 RVS 双绞线，穿金属管或阻燃管敷设。

3. 线型光束感烟火灾探测器

介绍一个编码型反射式线型红外光束感烟探测器。该探测器可与火灾报警控制器连接递。探测器必须与反射器配套使用，但需要根据二者间安装距离的不同决定使用一块或四块反射器。

探测器内置单片机，具备强大的分析判断能力，通过在探测器内部固化的运算程序，可自动完成系统的调试、火警的判断和故障的判断。探测器全面兼容数字化总线技术，具有信息上传速度快，信息内容丰富的优点。

（1）探测器的结构及工作原理。某型号的线型光束感烟火灾探测器如图 2-42 所示。该探测器是非编码型反射式线型红外光束感烟探测器。该探测器必须与反射器配套使用，但需要根据二者间安装距离的不同决定使用一块或四块反射器。

探测器与反射器相向位置设置，探测器包含发射和接收两部分，发射部分发射出一定强度的红外光束，经反射器上的多个直角棱镜反射后，由探测器的接收部分对返回的红外光束进行同步采集放大，并通过内置单片机对采集的信号进行分析判断。当探测器处于正常监视状态时，接收部分接收到的红外光强度稳定在一定范围内；当烟雾进入探测区内时，由于烟雾对光线的散射作用，使接收部分接收到的红外光的强度降低。当烟雾达到一定浓度，接收部分接收到的红外光的强度低于预定的阈值时，探测器报火警，点亮红色火警指示灯，并将火警信息传给与之连接的控制器。将探测器与反射器相对安装在保护空间的两端且在同一水平直线上，其安装方法和工作原理如图 2-43 所示。

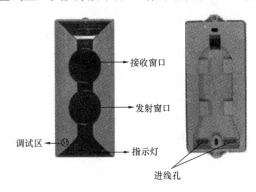

图 2-42 某型号的线型光束感烟
火灾探测器

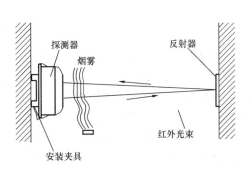

图 2-43 线型光束感烟火灾探测器
安装方法和工作原理

（2）特点：

1）探测器将发射部分、接收部分合二为一，安装简单、方便，光路准直性好。

2）内置微处理器，智能化火警、故障判断。

3）具有自动校准功能，确保可以由单人在短时间内完成调试，操作简单、方便。

4）具有自诊断功能，可以监测探测器的内部故障。

5）探测器兼容技术先进的数字化总线协议，操控性能强。

6）电子编码，地址码可现场设定。

7）可现场设置三个级别的灵敏度。

（3）技术特性：

1）工作电压：电源电压 DC 15～DC 28V；总线电压 15～28V。

2）调节角度：$-6°～+6°$。

3）光路定向相依性角度：$±0.5°$。

4）灵敏度等级：有三级。

5）保护面积：探测器最大保护面积为 14m×100m＝1400m²，最大宽度为 14m。

6）光路长度：8～100m。

（4）安装接线。探测器需要与直流 24V 电源线（无极性）及火灾报警控制器信号总线

图 2-44 探测器接线

（无极性）连接，直流 24V 电源线接探测器的接线端子 D1、D2 端子上，总线接探测器的接线端子 Z1、Z2 上，反射器不需接线。接线端子示意图如图 2-44 所示。

如果线型光束感烟火灾探测器不是采用上述的发射器-反射器结构，而是采用发射器-接收器结构，如图 2-45 所示。在正常情况下，红外光束探测器的发射器发送脉冲红外光束，它经过保护空间不受阻挡地射到接收器的光敏元件上。当发生火灾时，保护空间的烟气阻挡红外光束传输，使到达接收器的红外光束衰减，接收器接收的红外光束辐射通量减弱，当辐射通量减弱到预定的感烟动作阈值（响应阈值）时，如果保持衰减一个设定时间，探测器立即动作，发出火灾报警信号。安装时，要注意发射器和接收器的发射波束和接收器窗口沿光轴方向。

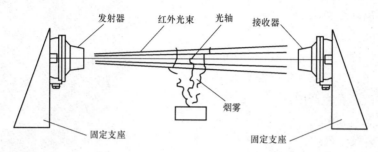

图 2-45　发射器-接收器结构的探测器安装

　　一般来说，线型光束感烟火灾探测器高灵敏度用于禁烟场所，中灵敏度用于卧室等少烟场所，低灵敏度用于多烟场所。

2.6.4　感光（火焰）火灾探测器

　　1. 点型紫外线光电感光型火灾探测器

　　（1）点型火焰探测器。点型火焰探测器是一种对火焰中特定波段中的电磁辐射敏感（红外、可见和紫外谱带）的火灾探测器，又称感光探测器。因为电磁辐射的传播速度极快，因此，这种探测器对快速发生的火灾（如易燃、可燃性液体火灾）或爆炸能够及时响应，是对这类火灾早期通报火警的理想探测器。响应波长低于 400nm 辐射能通量的探测器称紫外火焰探测器，响应波长高于 700nm 辐射能通量的探测器称红外火焰探测器。

　　（2）点型紫外线光电感光型火灾探测器。图 2-46 给出了一个点型紫外线光电感光型火灾探测器和气核心传感器件紫外光敏管的外观，它通过探测物质燃烧所产生的紫外线来探测火灾，适用于火灾发生时易产生明火的场所，对发生火灾时有强烈的火焰辐射以及需要对火焰做出快速反应的场所均可选用此类型的本探测器。当传感数据与火情数据相符并确认无

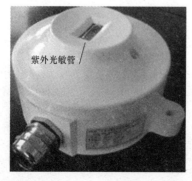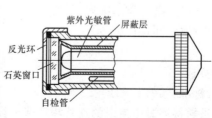

图 2-46　点型紫外光电感光型探测器

误，探测器发出火灾报警信号，并将该信号输入到火灾监控系统，启动灭火程序。

当紫外光敏管接收到185～245nm的紫外线时，产生电离作用而放电，使其内阻变小，导电电流增加，电子开关导通，光敏管工作电压降低，当电压降低到熄灭电压时，光敏管停止放电，导电电流减小，电子开关断开，此时电源电压通过RC电路充电，又使光敏管的工作电压重新升高到导通电压，重复上述过程，产生了一串脉冲，脉冲频率与紫外线强度成正比与电路参数有关。

（3）主要技术特性：

1）探测距离：≤17m。

2）响应时间：≤30s。

3）光谱灵敏度：紫外光：185～260nm。

4）工作电压：24VDC（12～28VDC）。

5）工作电流：在生产中：<2mA。

6）报警状态：12mA。

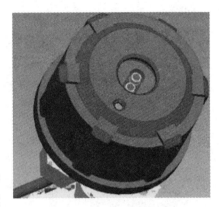

图2-47　隔爆型双波段智能
红外火焰探测器

2．红外火焰探测器

某隔爆型双波段智能红外火焰探测器如图2-47所示，该探测器具有火焰探测功能，适用于大空间和其他特殊空间场所。它采用两个波长不同的光学红外传感器来识别火焰情况：一个传感器作为火焰探测，另外一个传感器作为背景红外辐射的探测，其设计思想就是最大限度地降低误报率和提高探测灵敏度。报警灵敏度可现场编程灵活设定，以满足不同场所需要。双波段火灾探测器采用非接触式探测，通过可选的CAN总线、485总线或无源开关点，可以方便地与任意厂家的火灾报警系统连接。

该探测器是一种对烃类物质和含碳化合物燃烧时的红外辐射有高度敏感的火灾探测器。适用于无烟液体和气体火灾、产生烟的明火以及产生爆燃的场所。例如：油田、液压站、油库等油类场所；可燃液体储罐区等化工场所；大型仓库、飞机库、车库、地下隧道、地铁站道、发电厂、变电站等地下空间和大空间场所。探测器能够对日光、闪电、电焊、人工光源、环境（人等）、热辐射、电磁干扰、机械振动等干扰有很好的抑制作用。

3．部分主要技术参数

（1）工作电压：DC 20～32V（标称值DC24V）。

（2）工作电流：≤35mA（24VDC）。

（3）信号输出：继电器无源点、4～20mA、CAN总线（或RS485总线）。

（4）最快响应时间：500ms。

（5）最大探测距离：45m。条件：1100cm²（33cm×33cm），高为5cm的正庚烷火。

（6）保护角度：≤90°。

（7）执行标准：GB 15631—2008。

2.6.5　火灾报警探测器中使用的红外线及紫外线说明

感烟型和感光性（火焰）火灾探测器中，利用红外光和紫外光脉冲波束工作运行，这里对红外光和紫外光及相关的电磁波谱做一个说明。

不管是无线电波还是可见光或不可见的红外光、紫外光都是电磁波的一部分，其频谱也是电磁波频谱的一个组成部分，这里所说的电磁波谱是按电磁波的波长或频率大小的顺序把它们排列成谱，叫作电磁波谱，如图 2-48 所示。

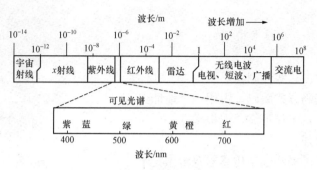

图 2-48　电磁波谱

从图中看到，红外、紫外及可见光对应的频谱段都是电磁波谱的不同分区，经常讲到的赤橙黄绿青蓝紫七色光就在可见光区，频谱分布在 380～780nm 范围，380nm 是紫区边界，780nm 是红区边界。红区以外是红外光区，红外光区又分为近红外光区、中红外光区和远红外光区，其中近红外光区频谱波段是 $0.75～2.5\mu m$，中红外光区频谱波段是 $2.5～25\mu m$，远红外光区频谱波段是 $25～1000\mu m$。紫区以左有一段紫外光区，频谱波段是 200～400nm，如图 2-49 所示。

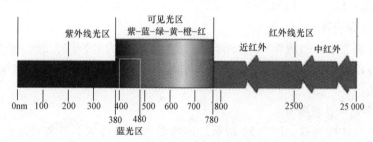

图 2-49　可见光、红外及紫外光区的频谱分布（单位：nm）

一些感烟火灾探测器使用的红外光是 980nm 的近红外脉冲波束，一些感光（火焰）探测器使用了纳米的紫外光脉冲波束。

2.6.6　复合探测器

1. 复合探测器

火灾发生时一般会产生两种或两种以上的伴生物理量，如烟气、温度急剧变化，会产生火焰及某些特征性气体等，如果火灾探测器具有对两种或两种以上的火情参量进行监测的能力，就叫复合探测器。根据探测火灾特性可以分为感烟感温型、感温感光型、感烟感光型以及红外光束感烟型等。

复合探测器不但使性能更加可靠，而且扩大了探测器的应用范围，能够应用于一些特殊的场所。

2. 点型复合感烟感温火灾探测器

某点型复合感烟感温火灾探测器外观结构如图 2-50 所示。该探测器是利用光电传感器及温度传感器技术，内置单片机，具有现场参数采集的能力，能准确分析火情、辨别真伪，降低误报率，并可根据应用场合的不同修改探测器的灵敏度阈值。每个探测器占用一个地址点，采用电子编码方式编码，操作方便。

3. 探测器技术特点和技术指标

（1）技术特点：

1）采用无极性二总线体制。

2）采用电子编码方式编码，占用一个地址点。

3）内置单片机，工作可靠，误报率低。

4）抗干扰能力强。

5）采用光电传感器和温度传感器双传感技术。

图 2-50　某点型复合感烟感温火灾探测器

6）可根据现场情况调整探测器的烟、温灵敏度阈值。

7）模拟量复合探测器，该产品具有定温特性，无差温特性。

（2）主要技术指标：

1）报警温度：54～70℃。

2）典型应用温度：25℃。

3）最高应用温度：50℃。

4）指示灯：红色指示灯巡检时闪亮，报警时常亮。

5）工作电压：DC 14～24V。

2.6.7　可燃气体探测器

可燃气体探测器可以监测煤气、石油气、工业生产中的氢、烷、醇、苯等气体的浓度。根据工作原理可以分为催化燃烧型以及光电固体电介质型，目前大多数为铂丝催化剂燃烧型可燃气体探测器。

1. 某点型可燃气体报警器

某点型可燃气体探测器如图 2-51 所示。该探测器采用自然扩散方式取样，现场液晶屏幕显示，广泛应用于冶金、石油、石化、化工、轻工等行业。

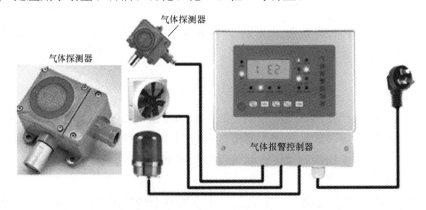

图 2-51　某点型可燃气体探测器和控制器

该点型可燃气体探测器采用自然扩散方式取样，现场液晶屏幕显示。

2. 气体报警控制器和气体报警器系统

从图 2-51 看到：气体探测器和气体报警控制器组成了可燃气体报警器系统。控制器可通过双绞线（485 信号）上联至监控中心计算机。整个可燃气体报警器系统采用壁挂式安装，每一通道对应一个探测器。通过与探测器的配合使用，控制器中的 CPU 对探测器上传的数据进行相应的处理，完成数据的显示，信号输出以及数据的记录等功能。

气体报警器系统采用三线制结构；工作电压 DC 12～DC 30V；可实时显示探测器的浓度、状态。

探测器安装位置：安装在气体易泄漏场所，具体位置应根据被检测气体相对于空气的比重决定。

2.7 手动报警按钮及设置

手动报警按钮是手动触发的报警装置。

1. 手动报警按钮的分类

编码型手动报警按钮和编码型火灾探测器一样，直接接入报警二总线，占用一个编码地址。编码手动报警按钮分成两种，一种为不带电话插孔，另一种为带电话插孔，其编码方式和编码火灾探测器的编码方式一样，采用微动开关编码（二进制）和电子编码器编码（十进制）。手动报警按钮的编码方法参看"2.3.2 探测器的地址编码"一节的内容。

带电话插孔的手动报警按钮外形和不带电话插孔的手动报警按钮如图 2-52 所示。

2. 作用原理

手动报警按钮安装在公共场所，当人工确认火灾发生时，按下按钮上的有机玻璃片，可向控制器发出火灾报警信号，控制器接收到报警信号后，显示出报警按钮的编号及对应方将或位置，并发出报警音响。手动报警按钮和前面介绍的各类编码探测器一样，可直接接到控制器总线上。

3. SAP-8401 型不带电话插孔手动报警按钮的特点及接线

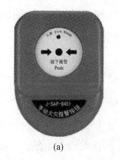 

(a)   (b)

图 2-52 带电话插孔和不带电话
插孔的手报按钮
(a) 手动火灾报警按钮（不带消防电话插孔）；
(b) 手动火灾报警按钮（带消防电话插孔）

（1）特点。SAP-8401 型不带电话插孔手动报警按钮具有以下特点：

1）采用无极性信号二总线，其地址编码可由手持电子编码器在 1～242 任意设定。

2）采用插拔式结构设计，安装简单方便；按钮上的有机玻璃片在按下后可使用专用工具复位。

3）按下手动报警按钮的有机玻璃片，可由按钮提供额定 DC 60V/100mA 无源输出触头信号可直接控制其他外部设备。

（2）设计要求。每个防火分区应至少设置一个手动火灾报警按钮。从一个防火分区内任何位置到最邻近的一个手动火灾报警按钮的距离应不大于 30m。手动报警按钮设置在公共场所的出、入口处，如走廊、楼梯口及人员密集的场所。

当将手动报警按钮安装在墙上时，其底边距地高度宜为 1.3～1.5m，且应有明显标志安装时应牢固，不倾斜，外接导线应留不小于 15cm 的余量。

（3）接线。不带电话插孔的手动报警按钮接线端子如图 2-53 所示。带插孔的手动报警按钮接线端子如图 2-54 所示。

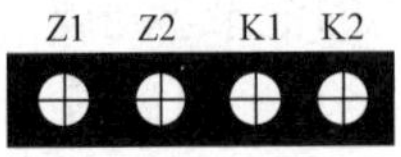

Z1 Z2 K1 K2

图 2-53 手动报警按钮（不带插孔）接线端子

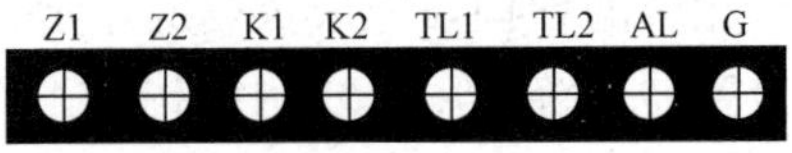

Z1 Z2 K1 K2 TL1 TL2 AL G

图 2-54 手动报警按钮（带插孔）接线端子

节点端子和配线说明：

1）线制：与控制器无极性信号二总线连接，Z1、Z2 为无极性信号二总线端子。

2）K1、K2 为无源常开输出端子。

3）接入 Z1、Z2 端子的线缆采用 RVS 双绞线，导线截面大于或等于 1.0mm^2。

（4）安装。手动火灾报警按钮可明装也可暗装，明装时可将底盒装在预埋盒上，明装示意图如图 2-55 所示。

4．SAP-8402 型带电话插孔手动报警按钮的接线

SAP-8402 手动火灾报警按钮（带消防电话插孔）的使用：当人工确认发生火灾后，按下报警按钮上的有机玻璃片，即可向控制器发出报警信号，控制器接收到报警信号后，将显示出报警按钮的编码信息并发出报警声响，将消防电话分机插入电话插座即可与电话主机通信。

按下报警按钮有机玻璃片，可由报警按钮提供独立输出触点，可直接控制其他外部设备。

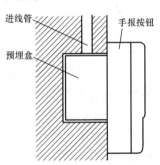

图 2-55 手动火灾报警按钮的明装

（1）启动方式：人工按下有机玻璃片。

（2）复位方式：用吸盘手动复位。

（3）线制：与控制器采用无极性信号二总线连接，与总线制编码电话插孔采用四线制连接，与多线制电话主机采用电话二总线连接。

改型手报按钮的节点端子说明：

（1）Z1、Z2 为与控制器信号二总线连接的端子。

（2）K1、K2 为 DC 24V 进线端子及控制线输出端子，用于提供直流 24V 开关信号。

（3）TL1、TL2 为与总线制编码电话插孔或多线制电话主机连接的音频接线端子。

（4）AL、G 为与总线制编码电话插孔连接的报警请求线端子。

（5）布线时，信号 Z1、Z2 采用 RVS 双绞线，截面积＞1.0mm^2；消防电话线 TL1、TL2 采用 RVVP 屏蔽线，截面积大于或等于 1.0 mm^2；报警请求线 AL、G 采用 BV 线，截面积大于或等于 1.0mm^2。

2.8 火灾报警控制器的线制和火灾探测器的线制

下面从介绍 JB-QB-GST200 火灾报警控制器（联动型/海湾控制器）的结构、技术参数、功能、线制等方面来引出关于火灾报警控制器的线制、火灾传感器的线制、火灾控制器和火灾探测器的接线等内容。

2.8.1　某型号火灾报警控制器的技术参数与线制

JB-QB-GST200 火灾报警控制器（联动型）是根据 GB 4717—2005《火灾报警控制器》和 GB 16806—2006《消防联动控制系统》设计的一款报警联动一体化智能控制器，该控制器外观如图 2-56 所示。

JB-QB-GST200 火灾报警控制器（联动型）采用 240×160 点汉字液晶显示，全汉字操作及提示界面。打印机可打印系统所有报警、故障及各类操作的汉字信息。最大容量为 242 个总线制报警联动控制点，具有较强的现场编程能力，具有 6 路直接控制输出。该控制器可与各类开关量型、模拟量型、智能型火灾探测器和控制模块连接，构成一个报警联动一体化火灾自动报警控制系统。

图 2-56　JB-QB-GST200
火灾报警控制器

1. 主要技术参数

（1）控制器容量：最大 242 个总线编码地址点；最多外接 64 台火灾显示盘；具有 30 路手动消防启动盘；具有 6 路直接控制输出。

（2）线制：

1）控制器与探测器间采用无极性信号二总线连接。

2）直接控制点与现场设备采用三线连接，其中 COM 为公共线，O 和 COM 用于控制启停设备，I 和 COM 用于接收现场设备的反馈信号，输出控制和反馈输入均具有检线功能。

3）控制器与各类编码模块采用四总线连接（无极性信号二总线、无极性 DC 24V 电源线）。

4）控制器与火灾显示盘采用四总线连接（有极性通信二总线、无极性 DC 24V 电源线）。

5）与彩色 CRT 系统通过 RS-232 标准接口连接，最大连接线长度不宜超过 15m。

（3）接线线缆（表 2-2）：

表 2-2　　　　　　　　　　　　接　线　线　缆

线制	连接线	距离	数量
24V 无极性两总线	≥1.0mm² 双绞线	<1.5km	242 只探测器或模块
RS485 总线	≥1.0mm² 双绞线或屏蔽线	<2.0km	64 台火灾显示盘
RS232 总线	三芯屏蔽线	<15m	1 台 CRT

（4）电源：

主电：交流 220V 电压变化范围 +10%～−15%。

控制器备电：直流 12V/10Ah 密封铅电池。

控制器最大功耗（不含联动电源）：<25W。

（5）报警声音：80dB。

（6）使用环境：

温度：0～+40℃。

相对湿度≤95%，不结露。

2. 特点

JB-QB-GST200型火灾报警控制器（联动型）采用壁挂式结构，其主要特点如下：

（1）该控制器为小点数系列产品，有多种容量配置方式可供选择。

（2）不论对联动类还是报警类总线设备，控制器都设有不掉电备份，保证系统调试完成时注册到的设备全部受到监控。

（3）控制器开机自检时，不仅自动检测本机设备（指示灯、功能键等），同时还逐条检测外部设备的注册信息及联动公式信息，如信息发生变化系统将做相应的处理。

（4）配置6路直接控制输出，与现场设备采用三线连接，可实现对输入、输出线断路、短路检测功能，这些检测功能可最大限度地保障控制点本身及其与重要设备之间连接的可靠性。

（5）对具有特殊重要意义的气体喷洒设备提供了独立的控制密码和联动编程空间，并有相应的声光指示，使气体喷洒设备受到了更严格的监控。

（6）可外接火灾报警显示盘及彩色CRT显示系统并标配手动盘及直接控制点等设备，满足各种系统配置要求。

3. 控制器典型配置及内部结构

火灾报警控制器（联动型）典型配置包括主控制器、显示操作盘，智能手动操作盘。本控制器集报警、联动于一体，通过总线、多线的控制可完成探测报警及消防设备的启/停控制等功能。

4. 控制器对外接线端子及接线

控制器对外接线端子如图2-57所示，说明如下：

（1）L、G、N端子：是交流220V接线端子及交流接地端子（L—相线220V；G—接地；N—零线）。

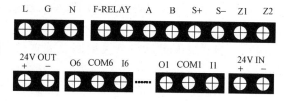

图 2-57 控制器对外接线端子

（2）F-RELAY端子：故障输出端子，当主板上NC短接时，是常闭无源输出；当NO短接时，是常开无源输出。

（3）A、B：连接火灾显示盘的通信总线端子。

（4）S$_+$、S$_-$：警报器输出端子。

（5）Z$_1$、Z$_2$：无极性信号二总线端子。

（6）24V IN（+、−）：外部DC 24V输入端子，可以为辅助电源输出提供电源。

（7）24V OUT（+、−）：辅助电源输出端子。可以为外部设备提供DC 24V电源，当采用内部DC 24V供电时，最大输出容量为DC 24V/0.3A，但采用外部DC 24V供电时，最大输出容量为DC 24V/2A。

（8）O、COM：组成直接控制输出端，O为输出端正极，COM为输出端负极，启动后O与COM之间输出DC 24V；为实现检线功能，O与COM之间接ZD-01终端器。

（9）I、COM：组成反馈输入端，接无源触点；为实现检线功能，I与COM之间接4.7kΩ终端电阻。

（10）JB-QB-GST200 火灾报警控制器（联动型）为壁挂式结构设计，可直接明装在墙壁上。

5．布线线缆

（1）信号二总线 Z1、Z2 采用阻燃 RVS 双绞线，截面积 $\geq 1.0 \mathrm{mm}^2$。

（2）通信总线 A、B 采用阻燃屏蔽双绞线，截面积 $\geq 1.0 \mathrm{mm}^2$。

（3）直接控制点外接线 On、COMn、In 采用 BV 铜芯导线，截面积 $\geq 1.0 \mathrm{mm}^2$。

（4）电源线采用阻燃 BV 线，截面积 $\geq 2.5 \mathrm{mm}^2$。

2.8.2　区域与集中火灾报警器的不同与接线

1．区域与集中火灾报警器的不同

区域型火灾报警控制器：用来直接连接火灾探测器，处理各种报警信息，同时还与集中型火灾报警器相连接，向其传递火警信息；区域火灾报警控制器一般安装在所保护区域现场。区域火灾报警控制器和火灾探测器等组成功能较为简单的区域火灾自动报警系统。

区域报警控制器是负责对一个报警区域进行火灾监测的自动工作装置。一个报警区域包括很多个探测区域（探测部位）。一个探测区域可有一个或几个探测器进行火灾监测，同一个探测区域的若干个探测器是互相并联的，共同占用一个部位编号，同一个探测区域允许并联的探测器数量视产品型号不同而有所不同。

集中型火灾报警控制器：具有接收各区域报警控制器传递信息的火灾报警控制器。集中型火灾报警控制器一般容量较大，可独立构成大型火灾自动报警系统，也可与区域型火灾报警控制器构成分散或大型火灾报警系统。集中型火灾报警控制器一般安装在消防防控制室。由集中火灾报警控制器、区域火灾报警控制器和火灾探测器等组成功能较复杂的集中火灾自动报警系统。

集中报警控制器，由若干台区域报警控制器通过联网的形式，然后由集中报警控制器进行管理，首先巡回检测集中报警控制器管理区内各个部位探测器的工作状态，发现火灾信号或故障信号，及时发出声光报警信号。如果是火灾信号，在声光报警的同时，有些区域报警控制器还有联动继电器触点动作，启动某些消防设备的功能。

区域报警控制器与集中控制器的区别就在于控制管理的范围不同，其他功能都基本相同。

2．区域与集中火灾报警控制器间的接线

某型号的区域火灾报警控制器间的外部接线情况如图 2-58 所示。在这里注意：不同型号的火灾报警控制器外部接线工作主要要依据该控制器的使用说明书进行，但这里的讲述对于深入了解和掌握火灾报警控制器的系统接线及系统组织有一定的指导意义。

这里的自检是指对：运行记录的检查、隔离信息检查、联动功能检查和声光电源检查等。

一个集中火灾报警控制器与若干个区域火灾报警控制器进行连接组成集中火灾自动报警控制系统的接线情况如图2-59所示。

2.8.3　火灾报警控制器的线制

1．两线制方式

说到火灾报警控制器线制的情况时，要注意不同厂家产品的差异性较大，但有一定的规律性。

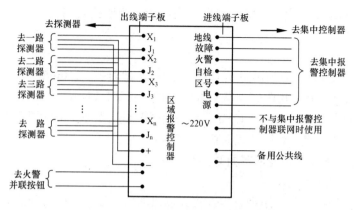

图 2-58　区域火灾报警控制器的外部接线

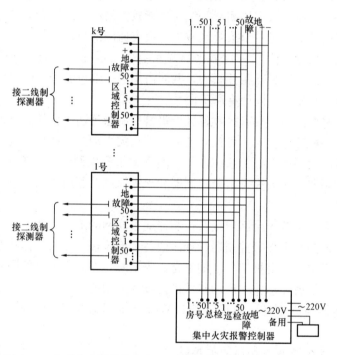

图 2-59　集中火灾报警控制器与区域火灾报警控制器的连接接线

（1）对于两线制火灾报警探测器情况下，区域火灾报警控制器的输入线数为（$N+1$）根，N 为报警部位数，这里就是报警点数，一个报警点设置一个探测器。这种情况下，区域控制器和探测器的接线关系如图2-60所示，集中控制器与区域控制器的接线关系如图 2-59 所示。

在图 2-60 中，区域火灾报警控制器的输入线总数是（$k+1$）根，其中有 k 个报警点（报警部位），一条为公共电源线。

集中火灾报警控制器和区域火灾报警控制器之间的连接关系如图 2-61

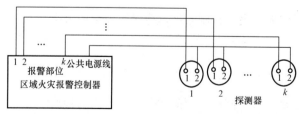

图 2-60　区域控制器和探测器的接线

所示。

上述这种两线制的线制适合于小型系统，但现在很少应用了。

（2）区域火灾报警控制器的输出线。区域火灾报警控制器的输出线数量为

$$10 + \frac{N}{10} + 4$$

式中：N 为区域火灾报警控制器所监视的部位数目，即探测区域数目；10 为部位显示器的个数；$N/10$ 为巡检分组的线数；4 为其中有地线 1 根、作为层数标识的层号线 1 根、故障线 1 根、总检线 1 根。

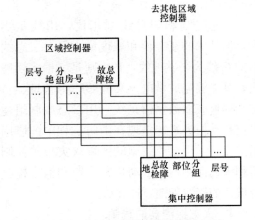

图 2-61　集中火灾报警控制器和区域
火灾报警控制器的接线

（3）集中火灾报警控制器的输入线。集中火灾报警控制器输入线总数为

$$10 + \frac{N}{10} + S + 3$$

式中：S 为集中火灾报警控制器所控制区域报警器的台数；3 为其中有故障线 1 根、总检线 1 根、地线 1 根。

2. 采用四全总线接线

如果火灾自动报警系统采用四全总线接线方式，非常适合大监控点数的系统，接线简单、施工方便。

（1）区域火灾报警控制器输入线是 5 根（P、S、T、G、V 线）：P 线为电源线；S 线为信号线；T 线为巡检控制线；G 线为回路地线；V 线为 DC 24V 线。

（2）区域火灾报警控制器输出线与集中火灾报警控制器的输入线数量相同，有 6 根线（P_0、S_0、T_0、G_0、C_0、D_0 线）：P_0 线、S_0 线、T_0 线、G_0 线与 P、S、T、G 线的意义相同；C_0 线为同步线；D_0 线为数据线。

系统中使用的探测器、手动报警按钮等设备全部采用 P、S、T、G 4 线接入到区域火灾报警控制器，其接线如图 2-62 所示。

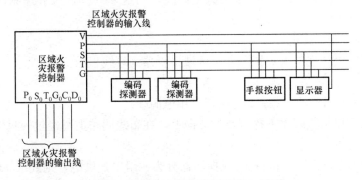

图 2-62　区域火灾报警控制器输入/出线

某消防工程中的区域火灾报警控制器输出线的接线情况如图 2-63 所示。

3. 二总线火灾自动报警系统接线

二总线制和四总线制相比，用线量更少，但技术的复杂性和难度增大了。二总线中的 G 线为公共地线，P 线则是一根多功能线，既能够完成供电，又能够作为选址、自检、巡检获取数据信息线。用二总线制组建火灾自动报警系统是现在消防工程中的应用的主流。采用二总线制的区域火灾报警控制器和火灾探测器、手动报警按钮和消火栓报警按钮的接线如图2-64所示。

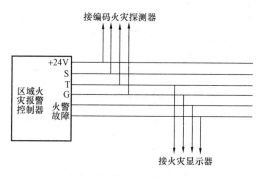

图 2-63　区域火灾报警控制器输出线的接线

2.8.4　火灾探测器的线制

如前所述，总线制火灾自动报警系统在火灾自动报警系统工程中处于主流应用中，总线制又有有极性和无杨性之分。许多不同厂家生产的不同型号的探测器其线制彼此各不相同。

1. 多线制中的两线制

多线制系统中的两线制是指仅仅使用两线作为总线，两线中，一条是公用地线，常用字符 G 标识，另一条则承担供电、巡检、电源供电故障检测、火灾报警探测器故障、断线故障报警、接触

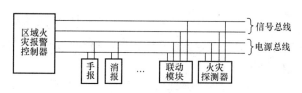

图 2-64　二总线系统的接线

不良、数据传输和自检的功能，是一条多功能线，常用 P 字符标识。

多线制中的两线制系统中，如果将 10 个探测器编为一组，选用一根正电源线供电，用 n 表示占用部位号（装置火灾报警器的个数）线数即探测器信号线的线数，一个回路上接入 n 个探测器，则火灾探测器与区域报警器的最少接线线数是 $N = (n + n/10)$。

也可以采用 $(n+1)$ 线实现火灾探测器的接线，其中 n 为火灾探测器数目（或者说是房号数或探测部位数）。举例说，如果一个小型自动火灾报警控制系统中，使用了探测器总数是 60 个，即 $n=60$，在加上一个公共电源线，则这个小型系统中共用了 61 线外接。如果将 10 个探测器编为一组，共同使用一条公共电源线，则这 $n=60$ 台火灾探测器外接的线数为 $(60+60/10) = 66$ 根。

2. 四线制探测器的接线

（1）每一回路上挂接的火灾探测器至区域报警器的导线根数 N 为

$$N = 2n + 2 \qquad (2-1)$$

式中：n 为回路中探测器的个数；2 为两根公用电源线。

在由区域报警控制器向火灾探测器的方向上，在布线回路上每经过一只探测器，则导线减少两根。

（2）为控制及维修方便，将每 10 只探测器分为一组单独供电，则式（3-1）变为

$$N = 2n + (n/10) + 1 \qquad (2-2)$$

（3）区域报警器输出导线根数 N_Q

$$N_Q = n + (n/10) + 3 \qquad (2-3)$$

式中：n 为与探测器对应的房号线（火警线）根数；$(n/10)$ 为总检线根数；3 为巡检线、故障线、地线各一根。

这里还是要说明：选用产品不尽相同，对应配线方式也不相同，工程设计或施工中要根据其火灾报警控制器、火灾探测器及不同模块的使用说明书进行具体布线。

工程布线中，还需灵活地进行配线，如一个火灾探测器接线时，必须有一根报警信号线，如图 2-65 所示。在两个相邻且在同一个防火区内的火灾探测器接线时，使用一或两根报警信号线的情况如图 2-66 和图 2-67 所示。

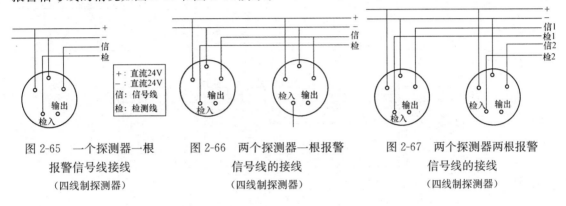

图 2-65　一个探测器一根
　　　报警信号线接线
　　　（四线制探测器）

图 2-66　两个探测器一根报警
　　　信号线的接线
　　　（四线制探测器）

图 2-67　两个探测器两根报警
　　　信号线的接线
　　　（四线制探测器）

2.9　火灾探测器和手动报警按钮的设置

2.9.1　点型火灾探测器的设置和选择

1. 点型火灾探测器的设置和布局

火灾自动报警系统中许多探测器分布式地安置在各个需要对火情进行监测的位置，对一个特定区域，到底设置多少个探测器？具体的较佳位置在哪里？这个问题与探测器本身的特性参数有关，还与需监测建筑空间的特性参数有关。火灾探测器的特性参数一般指：保护面积、保护半径、安装间距等；需监测建筑空间的特性参数指：建筑的保护等级、房间面积、高度、屋顶坡度、建筑物是否有隔梁等。这里讲的"梁"是指：由支座支承，承受的外力以横向力和剪力为主，以弯曲为主要变形的构件称为梁。

点型火灾探测器几个特性参数，它们是保护面积、保护半径、安装间距的意义。

保护面积：一只火灾探测器能有效探测的地面面积。

保护半径：一只火灾探测器能有效探测的单向最大水平距离。

安装间距：是指两个相邻火灾探测器中心之间的水平距离。

（1）探测区域内每个房间至少设置一个火灾探测器。

（2）感烟、感温探测器的保护面积和保护半径按表 2-3 确定。

（3）感烟探测器、感温探测器的安装距离，应根据探测器的保护面积 A 和保护半径 R 确定，不要超过图 2-68 探测器安装间距极限曲线图中的曲线 $D_1 \sim D_{11}$ 所规定的范围。

（4）一个探测区域的面积为 S（m^2），每个探测器所保护的面积为 A（m^2），则该探测区需设置的探测器数量 N 为

$$N \geqslant \frac{S}{KA} \tag{2-4}$$

表 2-3　　　　　　　　　　感烟、感温探测器的保护面积和保护半径

火灾探测器的种类	地面面积 S/m^2	房间高度 h/m	屋顶坡度口 θ					
			$\theta \leqslant 15^0$		$15^0 < \theta \leqslant 30^0$		$\theta > 30^0$	
			A/m^2	R/m	A/m^2	R/m	A/m^2	R/m
感烟探测器	$S \leqslant 80$	$h \leqslant 12$	80	6.7	80	7.2	80	8.0
	$S > 80$	$6 < h \leqslant 12$	80	6.7	100	8.0	120	9.9
		$h \leqslant 6$	60	5.8	80	7.2	100	9.0
感温探测器	$S \leqslant 30$	$h \leqslant 8$	30	4.4	30	4.9	30	5.5
	$S > 30$	$h \leqslant 8$	20	3.6	30	4.9	40	6.3

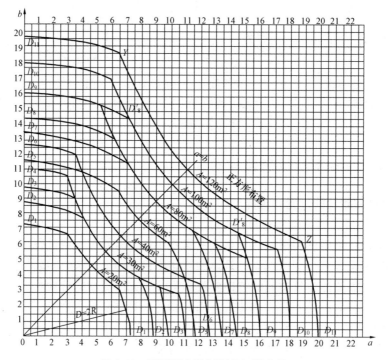

图 2-68　探测器安装间距的极限曲线

此处的 K：修正系数，特级保护对象 $K=0.7\sim0.8$；一级保护对象 $K=0.8\sim0.9$；二级保护对象 $K=0.9\sim1.0$。当然，此处 N 的取值只能是整数。

在有梁的顶棚上设置感烟探测器、感温探测器的情况，此处不再赘述，可参考相关的资料。

（5）在宽度小于 3m 的内走道顶棚上设置探测器时，宜居中布置。感温探测器的安装间距不应超过 10m；感烟探测器的安装间距不应超过 15m。探测器至端墙的距离，不应大于探测器安装间距的一半。

（6）探测器至墙壁、梁边的水平距离，不应小于 0.5m。（检查一下和前面是否有重复）

（7）探测器周围 0.5m 内，不应有遮挡物。

（8）探测器至空调送风口边的水平距离不应小于 1.5m，并宜接近回风口安装，探测器至多孔送风顶棚孔口的水平距离不应小于 0.5m。

（9）探测器宜水平安装。当倾斜安装时，倾斜角不应大于 45°。

2. 火灾探测器的选择

在不同的建筑空间内，不同的场所装备自动火灾报警系统时，在具体的监控地点，要选择合适的探测器，对发生的火情才能有较好的监控效果。关于在不同的使用环境中选用不同类型的火灾探测器的选择见表 2-4。

表 2-4　　　　　　　　　　　　　火灾探测器的选择

设置场所		火灾探测器类型							备注
使用环境	举例	差温式	差定温式	定温式	离子式		光电式		
					非延时	延时	非延时	延时	
烹调烟可能流入，而换气性能不良的场所	配餐室、厨房前室、厨房内的食品库等	◎	◎	○					若使用定温探测器（Ⅰ级灵敏度）
	食堂、厨房四周的走廊和通道等	◎	◎	×					
有烟雾滞留，而换气性能又不好的场所	会议室、接待室、休息室、娱乐室、会场、宴会厅、咖啡馆、饮食店等	△	△	×				◎	
用做就寝设施的场所	饭店的客房、值班室等	×	×	×	◎			◎	
有废气滞留的场所	停车场、车库、发电机室、货物存取处等	◎	◎	×					
除烟以外的微粒悬浮的场所	地下室等	×	×	×	◎			◎	
容易结露的场所	用石板或铁板做屋顶的仓库、厂房、密闭的地下仓库、冷冻库的四周、包装车间、变电室等	△	×	◎					若使用定温探测糟使用防水型
容易受到风影响的场所	大厅、展览厅	○	×	×				◎	
烟须经过长距离传播才能到达探测器的场所	走廊、通道、楼梯、倾斜路、电梯井等	×	×	×			◎		
探测器容易受到腐蚀的场所	温泉地区以及靠近海岸的旅馆、饭店的走廊等	×	×	○			◎		若使用定温探测糟使用防腐型
	污水泵房等	×	×	◎					
可能有大量虫子的场所	某些动物饲养室等	◎	○	○					探测器要有防虫罩

续表

设置场所		火灾探测器类型							备注
使用环境	举例	差温式	差定温式	定温式	离子式		光电式		备注
					非延时	延时	非延时	延时	
有可能发生阴燃火灾的场所	通信机房、电话机房、电子计算机房、机械控制室、电缆井、密闭仓库等	×	×	×			◎	○	
太空间、高天棚,烟和热容易扩散的场所	体教馆、飞机库、高天棚的厂房和仓库等	△	×	×					
粉尘、细粉末大量滞留的场所	喷漆室、纺织加工车间、木材加工车间、石料加工车间、仓库、垃圾处理间等	×	×	○	×	×	×	×	定温探测器要使用Ⅰ级灵敏度探测器
大量产生水蒸气的场所	开水间、消毒室、浴池的更衣室等	×	×	○	×	×	×	×	定温探测器要使用防水型
有可能产生腐蚀性气体的场所	电镀车间、蓄电池室、污水处理场等	×	×	○	×	×	×	×	定温探测器要使用防腐型
正常时有烟滞留的场所	厨房、烹调室、焊接车间等	×	×	○	×	×	×	×	厨房等高湿度场所要使用防水型探测器
显著高温的场所	干燥室、杀菌室、锅炉房、铸造厂、电影放映室、电视演播室等	×	×	○	×	×	×	×	
不能有效进行维修管理的场所	人不易到达或不便工作的车间。电车车库等有危险的场合	○	×	×	×	×	×	×	

注 ◎表示最适于使用;○表示适于实用;△表示根据安装场所等情形,限于能够有效地探测火灾发生的场所使用;×表示不适于使用。

2.9.2 线型火灾探测器和手动报警按钮的设置

1. 线型火灾探测器的设置

线型火灾探测器能够对狭长条形区域火情进行监测,红外光束感烟探测器和缆式线型火灾探测器均属于线型火灾探测器。线型火灾探测器设置应符合下列规定:

(1)红外光束感烟探测器的光束轴线距顶棚的垂直距离宜为0.3~0.1m,距地高度不宜超过20m。

(2)相邻两组红外光束感烟探测器的水平距离不应大于14m。探测器距侧墙水平距离不应大于7m且不应小于0.5m。受红外光束有效传输距离的限制,探测器的发射器和接收器之间的距离不宜超过100m。

(3)缆式线型定温探测器在电缆桥架或支架上设置时,宜采用接触式布置;在各种皮带传输装置上设置时,宜设置在装置的过热点附近。

2. 手动火灾报警按钮的设置

防火分区中设置手动火灾报警按钮应符合下列要求：

（1）每个防火分区，至少应设置一只手动火灾报警按钮。从一个防火分区内的任何位置到最邻近的一个手动火灾报警按钮的步行距离，不应大于 30m。手动火灾报警按钮宜设置在公共活动场所的出入口处。

（2）手动火灾报警按钮可兼容消火栓启泵按钮的功能。

（3）手动火灾报警按钮应设置在明显的和便于操作的部位。当安装在墙上时，其底边距地高度宜为 1.3～1.5m，且应有明显的标志。

2.10　火灾自动报警系统的设计

2.10.1　系统设计

1. 确定要设计系统的种类和设计要点

火灾自动报警系统的设计要根据保护对象的保护等级确定。区域报警系统宜用于那些属于二级保护对象的建筑物；集中报警系统宜用于属于一级、二级保护对象的建筑物；控制中心报警系统宜用于属于特级、一级保护对象的建筑物。在具体工程设计中，对某一特定保护对象，究竟应该采用以上三种系统中的哪一种，要根据保护对象的具体情况，如工程建设的规模、使用性质、报警区域的划分以及消防管理的组织体制等因素合理确定。

（1）区域报警系统的设计要求。区域报警系统较为简单，其保护对象一般是规模较小，对联动控制功能要求简单，或没有联动控制功能的场所。系统设计要点：

1）一个报警区域宜设置一台区域火灾报警控制器（下面简称为区域控制器），系统中区域控制器不应超过两台，以方便用户管理。

2）区域控制器应设置在有人员值班的房间或场所。如果系统中设有两台区域控制器而且不在同一个房间时，选择一台区域控制器所在房间作为值班室，同时将另一台区域控制器的信号传送到值班室。

3）按照用户要求和被保护对象的基本功能属性可设置较为简单的消防联动控制设备。

4）区域控制器多采用壁挂式结构，其底边距地高度宜为 1.3～1.5m。

5）区域控制器的容量应大于所监控设备的总容量。

6）区域报警控制系统还可作为集中报警系统和控制中心系统中的子系统。

7）如果用一台区域控制器监控多个楼层时，应在每个楼层的楼梯口或消防电梯前室等明显部位，设置识别着火楼层的灯光显示装置。

（2）集中报警系统的设计要求。集中报警系统较为复杂，保护对象一般规模较大，联动控制功能要求高。系统设计要点：

1）系统中应设置一台集中火灾报警控制器和两台及以上区域控制器，或设置一台火灾报警控制器和两台及以上区域显示器（灯光显示装置）。

2）系统中应设置消防联动控制设备。

3）集中火灾报警控制器（下面简称为集中控制器）应能显示火灾报警部位信号和控制信号，应能够进行联动控制。

4）集中控制器或火灾报警控制器，应设置在有专人值班的消防控制室或值班室内。

（3）控制中心报警系统的设计要求。控制中心报警系统是一种复杂的报警系统，其保护对象一般规模大，联动控制功能要求复杂。系统设计要点：

1）系统中至少应设置一台集中火灾报警控制器（下面简称为集中控制器）、一台专用消防联动控制设备和两台及以上区域警控制器，或至少设置一台火灾报警控制器、一台消防联动控制设备和两台及以上区域显示器（灯光显示装置）。

2）系统应能集中显示火灾报警部位信号和联动控制状态信号。

3）发生火灾后区域控制器报到火情信息汇集到集中控制器，集中控制器发出声、光报警信号同时向联动部分发出指令。每个楼层现场的探测器、手动报警按钮的报警信号送到同层区域控制器，同层的防排烟阀门、防火卷帘等设备由区域控制器进行联动控制。联动的回馈信号送给区域控制器后，再经通信信道送到集中控制器。水流指示器信号、分区断电、事故广播、电梯返底指令的发送控制由控制中心直接进行。

4）对已经发生的火情信息能够进行完整的记录、显示和打印。

5）操作设备集中安装在一个控制台上。控制台上除 CRT 显示器外，还有立面模拟盘和防火分区指示盘。

火灾自动报警系统设计应将系统功能与被保护对象的特点紧密结合。不同的被保护对象，其使用性质、重要程度、火灾危险性、建筑结构形式、耐火等级、分布状况、环境条件，以及管理形式等各不相同。为建筑物设计配置火灾自动报警系统时，首先应认真分析其特点，然后根据相关的国家标准与规范，提出具体切实可行的设计方案。

火灾自动报警系统设计的基本要求是安全适用、技术先进、经济合理。在设计火灾自动报警系统时，主要依据现行的有关强制性国家标准、规范的规定，不能与之相抵触。

2. 消防联动控制设计要求

消防联动设备是火灾自动报警系统的重要控制对象。消防联动控制设计要点有：

（1）消防联动设备的编码控制模块和火灾探测器的控制信号、火警信号在同一总线回路上传输时，其传输总线应按消防控制线路要求敷设，而不应按报警信号传输线路要求敷设。

（2）消防水泵、防烟、排烟风机的控制若采用总线编码控制模块时，要在消防控制室设置手动直接控制装置。由于这些联动控制对象动作的可靠性意义重大，所以不应单一采用火灾报警系统传输总线上的编码模块控制其动作，而要配置手动直接起动装置，保证联动控制的高可靠性。

（3）设置在消防控制室以外的消防联动控制设备的动作状态信号，均应在消防控制室显示，以便实行系统的集中控制管理。

2.10.2 火灾报警控制器容量的选择

一台火灾报警控制器外接有若干总线回路，所有总线回路所连接的火灾探测器及控制模块（或信号模块）的地址编码数量之和应小于火灾报警控制器的容量，适当地留有地址编余量对系统的日后增容、改造是非常有必要的。

这里讲到的火灾报警控制器额定容量，是指其可以接收和显示的探测部位地址编码总数。除了总容量要有冗余外，火灾报警控制器每一总线回路所连接的火灾探测器和控制模块或信号模块的编码总数的额定值，应大于该总线回路中实际需要的地址编码总数。容量冗余，应根据保护对象的具体情况，如工程规模、重要程度等合理掌握，一般可控制在

$15\% \sim 20\%$。

2.10.3　火灾应急广播和火灾警报装置

GB 50116—2013《火灾自动报警系统设计规范》规定：火灾自动报警系统应设置火灾警报装置。每个防火分区至少应设一个火灾警报装置，其位置宜设在各楼层走道靠近楼梯出口处。警报装置宜采用手动或自动控制方式。

（1）火灾应急广播的设置。《火灾自动报警系统设计规范》还规定：控制中心报警系统应设置火灾应急广播，集中报警系统宜设置火灾应急广播。

火灾应急广播的设置应符合下列要求：

1）火灾应急广播扬声器的设置应符合下列要求：

① 民用建筑内扬声器应设置在走道和大厅等公共场所，每个扬声器的额定功率不应小于3W，其数量应能保证从一个防火区内的任何部位到最近一个扬声器的步行距离不大于25m。走道内最后一个扬声器距走道末端的距离不应大于12.5m。

② 在环境噪声大于60dB的场所设置的扬声器，在其播放范围内最远点的播放声压级应高于背景噪声15dB。

③ 客房设置专用扬声器时，其功率不宜小于1.0W。

2）火灾应急广播与公共广播合一时，应符合下列要求：

① 火灾时应能在消防控制室将火灾疏散层的扬声器和公共广播扩音机强制转入火灾应急广播状态。

② 消防控制室应能监控用于火灾应急广播时的扩音机的工作状态，并应具有遥控开启扩音机和采用传声器播音的功能。

③ 应设置火灾应急广播备用扩音机，其容量不应小于火灾时需同时广播的范围内火灾应急广播扬声器最大容量总和的1.5倍。

（2）火灾警报装置。火灾警报装置的设置应符合下列要求：

1）未设置火灾应急广播的火灾自动报警系统，应设置火灾警报装置。

2）每个防火分区至少应安装一个火灾警报装置。其安装位置宜设在各楼层走道靠近楼梯出口处。警报装置宜采用手动或自动控制方式。

3）在环境噪声大于60dB的场所设置火灾警报装置时，其声警报器的声压级应高于背景噪声15dB。

2.10.4　消防专用电话

消防专用电话是消防工程中重要组成部分。为保证火灾自动报警系统快速反应和可靠报警，同时保证发生火情时消防通信指挥系统的可靠、灵活、畅通，需设置消防专用电话。消防专用电话的设计要点：

（1）消防专用电话是独立的消防专用通信装置，不能利用一般电话线路取代之。

（2）消防控制室应设置消防专用电话总机。消防专用电话总机与电话分机之间的呼叫方式应当是直通的，没有中间交换或转接环节。

（3）电话分机设置应做到：

1）对于消防水泵房、备用发电机房、配变电室、主要通风、空调机房、排烟机房、消防电梯机房及其他与消防联动控制有关的场所、值班室等要设置消防专用电话分机。

2）在设置有手报按钮、消火栓按钮的场所宜设置电话塞孔。

3）特级保护对象的各避难层应每隔 20m 设置消防专用电话分机或塞孔。

4）消防控制室、消防值班室或企业消防站等处应设置可直接报警的外线电话。

2.10.5　系统接地

火灾自动报警系统是建筑弱电系统中的一个子系统，对弱电系统来讲，接地良好与否，对系统工作影响很大。这里所说的接地，是指工作接地，即为保证系统中"零"电位点稳定可靠而采取的接地。工作接地的一个示意图如图 2-69 所示。式中的 N 线是中线，PE 线是保护线。

火灾自动报警系统接地应满足：

（1）接地电阻值按专用接地还是共用接地的情况取值：

1）采用专用接地装置时，接地电阻值不应大于 4Ω。

2）采用共用接地装置时，接地电阻值不应大于 1Ω。

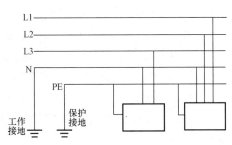

图 2-69　工作接地示意图

说明：将各部分防雷装置、建筑物金属构件、低压配电 PE 保护线、设备保护地、屏蔽体接地、防静电接地及接地装置等连接在一起的接地系统叫共用接地。

（2）火灾自动报警系统应设专用接地干线，并应在消防控制室设置专用接地板。专用接地干线应从消防控制室专用接地板引至接地体。

（3）专用接地干线应采用铜芯绝缘导线，其芯线截面积不应小于 25mm²。专用接地干线宜穿硬质塑料管理设至接地体。

（4）消防控制室接地板引至各消防电子设备的专用接地线应选用铜芯塑料绝缘导线，其芯线截面积不应小于 45mm²。

（5）消防电子设备凡采用交流供电时，设备金属外壳和金属支架等应做保护接地，接地线应与电气保护接地干线（PE 线）相连接。

消防电子设备多采用交流供电，设备金属外壳和金属支架等应作保护接地，接地线应与电器保护接地干线（PE 线）相连接。

2.11　一个实际火灾报警控制系统的设计及工程

2.11.1　工程概况

某办公大楼地上 27 层，地下 2 层，其中 1 楼设一个大厅、4 楼有一个人员容量较大的大空间的会议室和设备机房。这里所谓的大空间是指空间高度高于 5m，体积大于 1 万 m³ 的建筑叫大空间建筑。该老楼的各层还依次设置了以下一些功能区域：行政办公区域、图书馆、文体活动中心、电梯机房、消防水箱间；地下空间设置了汽车停车库、锅炉房、配电室、消防水泵房等。

2.11.2　确定保护等级及选用火灾自动报警系统类型

1．确定保护等级及火灾探测器的设置部位

（1）由于是重要的办公大楼，建筑高度超过 50m，发生火情时疏散和扑救难度大，确定为一级保护对象。

（2）确定要设置火灾探测器位置。对以下部位设置火灾探测器：地下停车库、地下设备机房、地下锅炉房、地下高低压配电房、空调机房、走道、电梯前室、大厅的门厅、食堂的厨房和餐厅及附属用房、办公室、走道及消防电梯前室、楼梯、防烟楼梯、防火卷帘的周围、会议室、礼堂、强电井、弱电井、风机房；图书阅览室、书库、电梯机房等。

（3）报警区域和探测区域的划分。大部分报警区域按楼层划分；由于最顶两层有效空间较小，划为一个报警区域；地下 1、2 层按防火分区划分。

探测区域的划分按独立的房间划分，另外防烟楼梯间、防烟楼梯与消防电梯的合用前室、走道、管道井、电梯井等都作为独立的探测区域。

2. 系统选用

根据以上的分析及分区情况，火灾自动报警系统选用控制中心火灾自动报警系统。选用某品牌的成套设备和系统。整个系统包括：1 台报警控制主机作为控制中心火灾报警控制器；10 台 I/O 工作子站、2 台联动控制子站、1 台电源子站，若干部消防对讲电话主机、消防广播录放盘、功放盘、分配盘及 CRT 显示器。

3. 消防联动控制的设计

消防联动控制系统包括自动喷水灭火系统、室内消火栓系统、防排烟系统、防火卷帘控制系统、气体灭火系统、火灾应急广播系统、消防通信系统、电梯联动控制系统和非消防电源切断系统。

（1）自动喷水灭火系统。楼宇内安装有 3 套湿式自动喷水灭火系统，3 套湿式报警阀及配套的水流指示器、压力开关、喷淋泵和数千只喷淋头。

使用的功能模块有：

1）水流指示器及压力开关的动作信号通过信号输入模块接入报警回路，在报警控制器上显示。

2）水泵的控制及各种状态的显示通过多线控制模块接入位于消防控制室的联动子站。

3）喷淋泵的工作状态反映在联动子站上，火灾状态下系统可根据设定的软件自动或人工手动启、停喷淋泵。

（2）室内消火栓系统。楼宇内安装 100 余套室内消火栓、2 套试验消火栓、2 台消火栓泵。消火栓箱内设有消火栓报警按钮，此按钮的动作信号在报警控制器（控制中心火灾报警控制器）上显示。

使用的功能模块有：

1）水泵的控制及各种状态的显示通过多线控制模块接入位于消防控制室的联动子站。

2）平时消防泵的工作状态反映在联动子站上，火灾状态下系统可根据设定的软件自动或人工手动启、停消防泵。

（3）排烟系统。楼宇内设有各类排烟风口约 100 套，各类排烟防火阀数十套，排烟风机近二十台。报警系统也可根据排烟防火阀的动作信号自动关闭排烟风机。

使用的功能模块有：排烟风口的控制及动作信号的返回及排烟防火阀动作的返回信号通过总线控制模块来实现，该模块接在回路总线上进入集中性火灾报警控制器。

（4）正压送风防烟系统。楼宇内设有若干正压送风口，配备正压送风机。

（5）防火卷帘控制系统。在楼宇的不同防火分区之间部分区位设置了若干防火卷帘门。

卷帘门的释放和归底信号通过总线控制模块来实现。卷帘门的释放可根据其周围火灾探测器的报警信号自动完成，也可由消防值班人员在控制室人工手动或现场手动完成。

（6）气体灭火系统。由于楼宇内有燃油锅炉房，因此设置了一套有管网单元独立卤代烷全淹没灭火系统，受控于一台区域火灾报警控制器，该控制器设在消防控制室内。

（7）火灾应急广播系统和消防通信系统。整个火灾自动报警控制系统配置了火灾应急广播系统和消防通信系统。

（8）电梯控制系统。全部客梯在火灾状态下可自动或人工手动，通过总线控制模块联动控制电梯迫降到底层平层并打开电梯轿厢门，归底信号也通过该模块返回到火灾报警控制器。

（9）非消防电源切断系统。火灾状态下，控制中心火灾报警控制器可自动或手动启动总线控制模块，由它来使非消防电源配电盘的分励脱扣器动作，从而切断电源。分励脱扣器的动作信号通过线控制模块返回到报警控制器。

（10）系统接地。整个火灾自动报警系统采用专用接地装置。

4. 消防控制室

消防控制室设在大楼的1层，设置有独立式空调系统进行空气调节。作为控制中心的火灾报警控制器与联动控制子站、电源子站、消防监控主机、消防电话系统、火灾应急广播系统的设备组装在一起，选用琴台式机壳。卤代烷灭火系统的壁挂式区域火灾报警控制器安装在琴台式设备的附近位置。

5. 火灾探测器及手动报警按钮的选择、设置

根据建筑空间内不同区域的功能，在大楼内共设置了1000余只模拟量光电感烟探测器、仅200只差定温感温探测器、近百只带电话插孔的手动报警按钮、近200只具有启泵功能的消火栓报警按钮、若干只接收水流指示器信号的输入模块和用于接收压力开关报警信号的输入模块。

6. 系统供电

系统供电的主电采用消防电源供电，备电采用设备生产厂家配套的专用蓄电池，并设有一台电源子站，用于控制主、备电源的转换和备用电源的充、放电以及电源故障的监测等。

2.12 火灾报警自动控制系统与建筑弱电系统的系统集成

2.12.1 同建筑设备监控系统的集成

建筑弱电系统的子系统划分中，有这样的划分法：将火灾报警联动控制系统、安全防范系统和楼宇自控系统（建筑设备监控系统）归类于一个大的楼宇自控系统即大BA中，因此在建筑弱电系统的系统集成中，需要考虑火灾报警联动控制系统的系统集成。

常见的系统集成方法是通过网关将消防系统的信息、数据、管理和建筑设备监控系统集成到一起，集成方式如图2-70所示。

通过系统集成，许多建筑弱电子系统从离散的状态组成了一个高效能运行"大系统"，如图2-71所示。

当然，系统集成的方法有若干种，下面仅仅就"基于BMS的系统集成"进行说明。

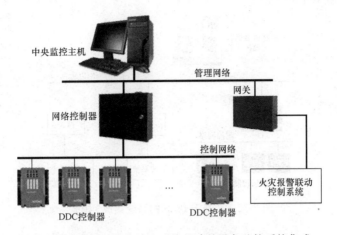

图 2-70　通过网关将消防系统的建筑设备监控系统集成

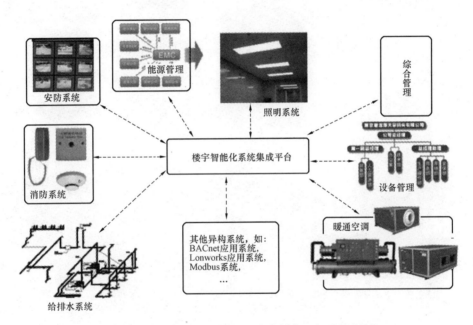

图 2-71　离散子系统组成了一个高效能运行"大系统"

2.12.2　基于 BMS 的系统集成

消防系统与建筑设备监控系统的集成通过消防系统的监控主机，再通过网关（通信协议转换器）和建筑设备监控系统的管理网络（以太网）实现互联，在这种互联中，通过标准的通信端口实现信息、数据的传输，进而实现系统集成。

基于 BMS 的系统集成模式的内容是：以建筑设备监控系统（楼宇自控系统）为核心，即以楼宇管理系统（BMS）为核心，并通过标准的通信接口实现的系统集成，这种集成方式如图 2-72 所示。

在基于 BMS 的系统集成模式中，消防系统、安防系统通过网关（通信协议转换器）实现互联，实现异构系统之间的数据传输，进而实现消防系统与整个建筑设备监控系统的集成。

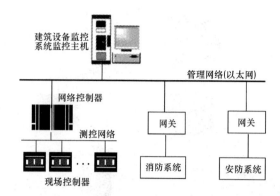

图 2-72 "基于 BMS 的系统集成"模式

第3章 消防灭火系统

冷却法灭火系统最常用的灭火剂是水。水具有很高的汽化潜热和热容量，冷却性能好，常用于扑灭建筑物中一般物质火灾。水冷却法灭火系统主要有两种形式，即消火栓给水系统和自动喷水灭火系统。消火栓给水系统以建筑物外墙为界又分为室内消火栓给水系统和室外消火栓给水系统，如图3-1所示。

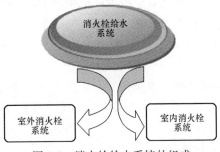

图 3-1　消火栓给水系统的组成

其中室内消火栓系统是建筑内最主要和普遍应用的水灭火设施。

3.1　消火栓给水系统

3.1.1　室外消火栓给水系统及组成

在建筑物外墙中心线以外的消火栓给水系统就是室外消火栓给水系统，其组成如图3-2所示。

室外消火栓给水系统担负着城市、集镇、居住地或工矿企业等室外部分的消防给水任务。室外消火栓给水系统主要功能是在建筑物外部进行灭火并能够向室内消防给水系统供给消防用水，主要由消防水源、消防水泵、室外消防给水管网、室外消火栓等组成。

消防水源主要指：城市的市政供水管网供水和消防水池储存消防用水；消防水泵能够对消防水源用水加压，使其满足灭火时对水压和水量的要求；室外消防给水管网担负着输送消防用水的任务，如市政管网；室外消火栓则是供灭火设备从消防管网上取水的设施。

消火栓给水系统的给水方式如图3-3所示。

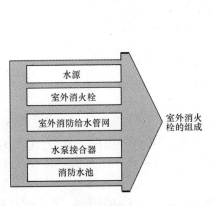

图 3-2　室外消火栓给水系统组成

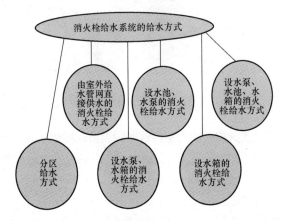

图 3-3　消火栓给水系统的给水方式

3.1.2 室内消火栓给水系统

1. 室内消火栓系统的设置原则

（1）应设置室内消火栓给水系统的建筑物。

1）24m 以下的厂房、仓库、科研楼。

2）超过 800 个座位的剧院、电影院、俱乐部，超过 1200 个座位的礼堂、体育馆。

3）建筑体积大于 5000m³ 的各种公共场所，如车站、机场、商店、医院等。

4）7 层以上的住宅，底层设有商店的单元式住宅。

5）超过 5 层或者体积超过 10 000m³ 的建筑物。

6）国家文物保护单位的砖木或木结构建筑。

（2）可不设室内消火栓给水系统的建筑物。可以不设置室内消火栓给水系统的建筑物有：

1）耐火等级为一、二级且可燃物较少的丁、戊类厂房和库房（高层工业建筑除外）；耐火等级为三、四级且建筑体积不超过 3000m³ 的丁类厂房和建筑体积不超过 5000m³ 的戊类厂房。

2）室内没有生产、生活给水管道，室外消防车用水取自储水池且建筑体积不超过 5000m³ 的建筑物。

2. 室内消火栓给水系统的组成

室内消火栓给水系统的组成如图 3-4 所示。

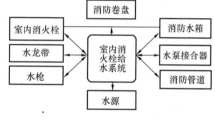

图 3-4 室内消火栓给水系统的组成

室内消火栓给水系统中的各个组件的功能说明如下：

（1）消火栓箱：安装在消防给水管道上，由水枪、水带、消火栓组成，如图 3-5 所示。

图 3-5 消火栓箱中的组件

（2）室内消火栓：室内管网向火情现场供水，带有阀门的接口，通常安装在消火栓箱内，与消防水带和水枪等器材配套使用。室内消火栓构造上分为单出口和双出口结构，如图 3-6 所示。

（3）水枪：是灭火的射水工具，用其与水带连接会喷射密集充实的水流，具有射程远、水量大等优点。

水枪的使用：①拉开防火栓门，取出水带、水枪。②向火场方向铺设水带，注意避免扭折。③将水带与消防栓连接，将连接扣准确插入滑槽，并按顺时针方向拧紧。④连接完毕

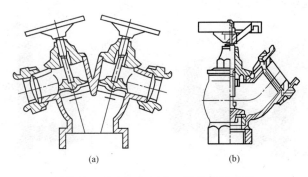

图 3-6 单出口和双出口结构的消火栓

(a) 双阀双出口型消火栓；(b) 单阀单出口型消火栓

后，至少有 2 名操作者紧握水枪，另外一名操作者缓慢打开消火栓阀门至最大，对准火源根部喷射进行灭火，直到将火完全扑灭。

(4) 水带：消防水带是用来运送高压水或泡沫等阻燃液体的软管。

(5) 消防水池：储备一次火灾所需的全部消防用水的设施，也可作为消防车取用消防用水的水源，消防水池如图 3-7 所示。

消防水池用于无室外消防水源情况下，储存火灾持续时间内的室内消防用水量。可设置于室外地下或地面上，也可设置在室内地下室或与室内游泳池、水景水池兼用。

消防水池应设有水位控制阀的进水管和溢水管、通气管、泄水管、出水管和水位指示器等附属装置。在一定条件下也可以将消防水池于生活或生产储水池合用，也可以单独设置。

(6) 消防水箱：供给建筑灭火初期火灾的消防用水量，并保证相应的水压要求。一个消防水箱的外观如图 3-8 所示。

图 3-7 消防水池   图 3-8 一个消防水箱的外观

水箱设置要求：①为确保自动供水的可靠性，应采用重力自流供水方式。②消防水箱宜与生活高位水箱合用，要保持箱内储水经常流动，防止水质变坏。③水箱的安装高度应满足室内位置最远的消火栓所需要的水压要求，且应储存室内 10min 的消防用水水量。

(7) 消防水泵接合器。消防水泵接合器是连接消防车向室内消防给水系统加压供水的装置，一端由消防给水管网水平干管引出另一端设于消防车易于接近的地方。

消防水泵接合器分为地上式、地下式、墙壁式，如图 3-9 所示。

消防水泵接合器的作用：①在消防水池水量不足情况下，作为消防车与室内喷淋系统或消火栓系统连接的接口。②当发生火灾时，消防车的水泵可迅速方便地通过该接合器的接口与建筑物内的消防设备相连接，并送水加压，从而使室内的消防设备得到充足的压力水源，用以扑灭不同楼层的火灾，有效地解决了建筑物发生火灾后，消防车灭火困难或因室内的消

图 3-9　地上式、地下式消防水泵接合器

防设备因得不到充足的压力水源无法灭火的情况。③在消火栓泵出现故障不能工作运行的情况，进行替代提供灭火动力。④在楼层过高水压不够，通过室外消防车供水泵提供更大的送水扬程。⑤和室外消火栓配合使用。

3. 室内消火栓给水系统的使用方法

当建筑物某层发生火情时，首先打开消火栓箱箱门，取下挂架上的水带和弹簧卡子上的水枪，将水带接口连接在消火栓接口上，开启消火栓，即可灭火。同时按下消防手动报警按钮，启动消防水泵和进行火情报警。消火栓箱上的红色指示灯亮向消防控制中心和消防水泵房发出声、光报警信号，以便及时报告险情、组织灭火。

4. 室内消火栓给水系统中各组件的配合运行

室内消火栓给水系统中运行情况如图 3-10 所示。

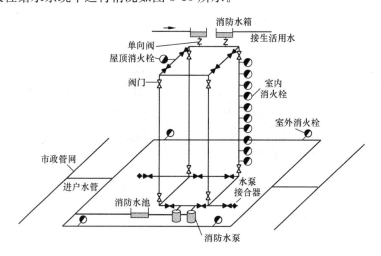

图 3-10　室内消火栓给水系统的运行

某区域发生火情，灭火人员直接使用配置在该区域的消火栓灭火系统，消火栓水泵控制过程是：打开消火栓箱，按下消火栓手动报警按钮，信号经类比探测器底座输入到主控屏并显示，主控屏经确认后依程序，经特定输出口控制消火栓泵启动。泵的运转信号显示在控制台上。消火栓泵也可在中央控制台上直接手动控制。

5. 消防卷盘

消防卷盘也叫消防软管卷盘，是由阀门、输入管路、软管、喷枪等组成的，并能在迅速展开软管的过程中喷射灭火剂的灭火器具。

高级旅馆、重要的办公楼、一类建筑的商业楼、展览楼、综合楼等和建筑高度超过100m的其他高层建筑，应设消防卷盘，其用水量可不计入消防用水总量。消防卷盘的间距应保证有一股水流能到达室内地面任何部位，消防卷盘的安装高度应便于取用，动作灵活无卡阻。消防卷盘的外观如图 3-11 所示。

6. 室内消火栓系统的几种类型

室内消火栓给水系统的管网分为低层建筑室内消火栓给水系统管网和高层建筑室内消火栓给水系统管网。

（1）低层建筑室内消火栓给水系统的三种类型。低层建筑室内消火栓给水系统有以下几种类型：无加压水泵和水箱的室内消火栓给水系统、设有消防水箱的室内消火栓给水系统和设有消防水泵和水箱的室内消火栓给水系统。

无加压水泵和水箱的室内消火栓给水系统如图 3-12 所示。

图 3-11　消防卷盘的外观

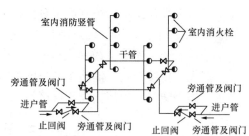

图 3-12　无加压水泵和水箱的室内消火栓给水系统

这种给水系统管网适用于建筑物高度不高，室外给水管网的压力和流量完全能够满足设计水压和水量要求的建筑环境中。

无加压水泵和水箱的室内消火栓给水系统采用由室外供水管网直接供水的消防给水方式，如图 3-13 所示。

设有消防水箱的室内消火栓给水系统如图 3-14 所示。

此种给水系统用于水压变化较大的城市或住宅区，当生活及生产用水量达到最大时，室外管网无法保证室内管网最不利情况下消火栓的压力和流量，而在生活和生产用水量较小的时间段内，室内管网压力又较大，常设有水箱进行生活、生产用水量的调节。为保证扑救初期火灾所需

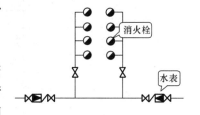

图 3-13　由室外供水管网直接供水的消防给水方式

水压，水箱高度应满足室内管网最不利点消火栓对水压和水量的要求。

如果给水系统中既有消防水泵又有消防水箱，这样的消火栓给水系统就是有消防水泵和水箱的室内消火栓给水系统。

（2）高层建筑室内消火栓给水系统。建筑高度大于 24 m 的建筑空间内，要配备高层建筑室内消火栓给水系统。受消防车水泵泵压和消防水带的强度限制，一般情况下不能直接利用消防车从室外水源将水泵到建筑高层灭火，因此高层建筑室内消火栓给水系统是扑灭高层建筑火灾的主要灭火设备。

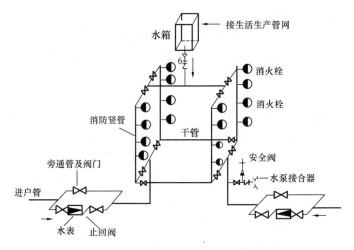

图 3-14　设有水箱的室内消火栓给水系统

高层建筑室内消火栓给水系统有可不分区供水方式和可分区供水方式。

1）高层建筑室内消火栓不分区给水系统。建筑高度大于24m但不超过50m的高层建筑室内的消火栓给水系统，如果室内消火栓承受静水水压不超过80mH$_2$O时，可以配用不分区给水系统。当火情持续期间，消防车通过室外消火栓和建筑物水泵接合器，向室内消火栓给水管网供水。高层建筑室内消火栓不分区给水系统如图 3-15 所示。

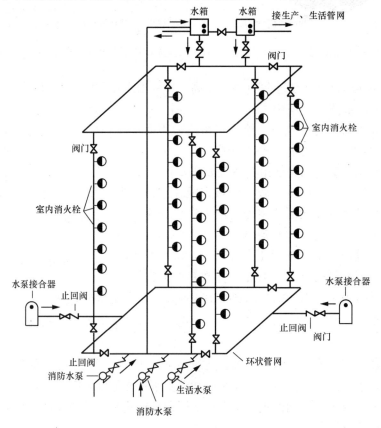

图 3-15　高层建筑室内消火栓不分区给水系统

2) 高层建筑室内消火栓分区给水系统。高度大于 50m 的高层建筑，使用消防车无力扑救这样高度建筑内的火灾，高层建筑内的室内消火栓给水系统是扑救火灾的主要设施，而且应该采用分区给水，这种给水方式可以防止低层建筑的供水管网由于水压过高而容易损坏的缺点。

分区给水方式的设置特点：室外给水管网向低区和高位水箱供水并使水箱内贮存 10min 消防用水量。

高区火情初起时：由水箱向高区消火栓给水系统供水。

当水泵系统启动后，由水泵向高区消火栓给水系统供水灭火。

低区灭火的情况：供水量、水压由外网保证。

分区给水方式的使用条件：①外网仅能满足低区建筑消火栓给水系统的水量水压要求，不满足高区灭火的水量、水压要求。②当地有关部门不允许消防水泵直接从外网抽水。③高层建筑由于楼层高，消防管道上部和下部的压差很大，当消火栓处最大压力超过 0.8MPa 时，必须分区供水。

消火栓处栓口的静水压力超过 1.0MPa 的室内消火栓给水系统，为便于对火灾区域的消防灭火扑救和保证消防供给用水，应采用分区给水系统。分区给水系统有并联分区给水系统和串联分区给水系统的不同。

一个并联分区消防给水系统如图 3-16 所示。图中的组件 4 是室内消火栓，组件 7 是减压阀，组件 10 是中间水箱。

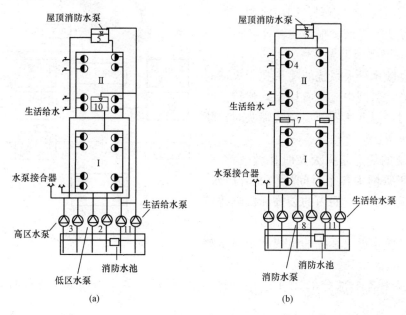

图 3-16　一个并联分区消防给水系统
(a) 采用不同扬程水泵分区；(b) 采用减压阀供水

3.2　自动喷水灭火系统

一种在发生火灾时，能自动打开喷头喷水灭火并同时发出火警信号的消防灭火设施就是自动喷水灭火系统。

自动喷水灭火系统使用加压设备通过管网供水给具有热敏元件的喷头处，喷头在火灾的高温环境中自动开启并喷水灭火。一般情况下，喷头下方的覆盖面积约为 $10m^2$ 略多一些；系统扑灭初期火灾的效率较高。

3.2.1 自动喷水灭火系统的分类及组成

1. 自动喷水灭火系统分类

自动喷水灭火系统的分类如图 3-17 所示。

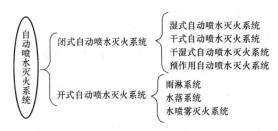

图 3-17 自动喷水灭火系统的分类

下面仅介绍在工程应用中较为普遍使用的三种闭式自动喷水灭火系统，即湿式、干式和预作用式自动喷水灭火系统。

闭式自动喷水灭火系统是指：系统内的阀门及喷头都是封闭（闭合）的；而开式自动喷水灭火系统中的阀门部分是电动或手动的。

湿式系统是指：管网里平时有压力水，喷头达到动作温度爆裂后，水立即喷出灭火；而干式系统则是系统管网里平时有压力空气，喷头达到动作温度爆裂后，先喷出空气，然后喷水灭火。

不管是开式、闭式或干式及湿式自动喷水灭火系统，其组成基本相同，即由水源、加压贮水设备、喷头、管网、报警装置等组成。

2. 湿式自动喷水灭火系统

湿式自动喷水灭火系统的喷头在无火情时处于常闭状态，管网中充满有压水，建筑空间内发生火情时，温度达到开启闭式喷头时，喷头出水实施灭火。

这种系统的优点是灭火及时扑救效率高。缺点则是由于管网中各个时间段内充有压水，当渗漏时会损毁建筑空间内的装饰和影响建筑的使用。

湿式自动喷水灭火系统的组成和工作步骤如图 3-18 所示。

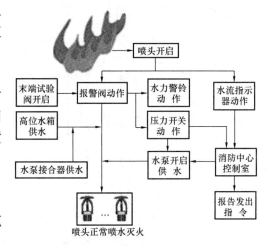

图 3-18 湿式自动喷水灭火系统组成和工作

运行过程中各个部分的动作顺序如图 3-19 所示。各个部分的动作顺序用①、②、③、…表示。

湿式自动喷水灭火系统的管道布设如图 3-20 所示。

3. 湿式自动喷水灭火系统中的部分组件

（1）水力警铃。水力警铃如图 3-21 所示。功能：当报警阀打开消防水源后，具有一定压力的水流冲动叶轮打铃报警，即能在喷淋系统动作时发出持续警报。

水力警铃不得由电动报警装置取代。水力警铃主要用于湿式喷水灭火系统。

（2）湿式报警阀。自动喷水灭火系统中的报警阀作用是开启和关闭管网的水流，传递控

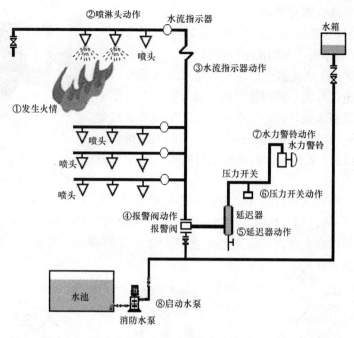

图 3-19 湿式自动喷水灭火系统各个部分的动作顺序

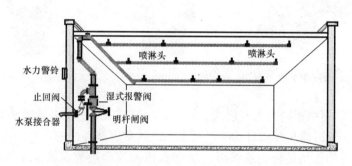

图 3-20 湿式自动喷水灭火系统的管道

图 3-21 水力警铃

制信号至控制系统并启动水力警铃直接报警。

自动喷水灭火系统中的报警阀有湿式、干式、干湿式和雨淋式 4 种类型。一个湿式报警阀如图 3-22 所示。

（3）消防水泵接合器和消防水泵。

1）消防水泵接合器的作用：系统消防车供水口。

2）消防水泵的作用：专用消防增压泵。

（4）水流指示器。水流指示器是自动喷水灭火系统中将水流信号转换成电信号的一种报警装置，装设在一个受保护区域喷淋管道上监视水流动作，发生火情时，喷淋头受高温而爆裂这时管道水会流向爆裂的喷淋头，管中的水流推动水流指示器动作，指示火情区域。水流指示器的示意如图 3-23 所示。

图 3-22　湿式报警阀

（5）喷淋头。喷淋头分为闭式喷头和开式喷头。

1）闭式喷头：喷口用由热敏元件组成的释放机构封闭，当达到一定温度时能自动开启，如玻璃球爆炸、易熔合金脱离。常用的闭式喷头如图 3-24 所示。简言之，闭式喷头的作用就是感知火灾，出水灭火。

图 3-23　水流指示器示意图　　图 3-24　闭式喷头　　图 3-25　开式喷头

2）开式喷头：根据用途分为开启式、水幕式、喷雾式。一个开式喷头如图 3-25 所示。

（6）延迟器。延迟器是湿式自动喷水灭火系统的重要部件之一，一个实际的延迟器如图 3-26 所示。延迟器的作用是防止系统因系统供水压力波动造成系统误报警，当系统供水压力波动造成湿式报警阀瞬时开启时，报警口的水流向延迟器，此时由于水量较小，延迟器又有一定的空间容量，延迟器下部有节流孔排水等原因，不会立即启动压力开关和水力警铃。只有当湿式报警阀保持正常开启状态时，水才不断从报警口流向延迟器，经过一段延迟时间后，形成压力，使压力开关和水力警铃动作报警。

延迟器的安装位置：安装于报警阀和水力警铃（或压力开关）之间。

（7）压力开关。压力开关是自动喷水灭火系统中的一个部件，起作用是将系统的压力信号转换为电信号，用于自动报警和自动控制。

按产品在自动喷水灭火系统中的应用形式可分为普通型压力开关、预作用装置压力开关和特殊性压力开关。

一个湿式自动喷水灭火系统中的压力开关如图 3-26 所示。

（8）消防安全指示阀。消防安全指示阀的主要用途是显示阀门启闭状态。

4. 干式自动喷水灭火系统

干式自动喷水灭火系统是喷头常闭的灭火系统，管网中平时不充水，充有有压空气（或氮气）。当建筑物发生火情和喷淋头处环境温度达到开启闭式喷头时，喷头开启排气、充水

图 3-26 一个实际的延迟器

灭火。

干式自动喷水灭火系统由闭式喷头、管道系统、干式报警器、报警装置、充气设备、排气设备和供水设备组成。因为其管路和喷头内平时没有水,只处于充气状态,所以称之为干式系统。

优点:管网中平时不充水,对建筑物装饰无影响,对环境温度也无要求,适用于采暖期长而建筑内无采暖的场所。

缺点:由于该系统包括有充气设备,并且要求官网内的气压要经常保持在一定范围内,导致管理变得较为复杂,增加投资。另外,该系统灭火时需先排气,故喷头出水灭火不如湿式系统及时。

干式自动喷水灭火系统的工作原理如图 3-27 所示。

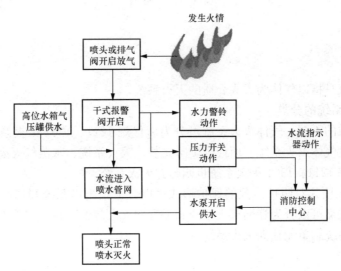

图 3-27 干式自动喷水灭火系统的工作原理

5. 预作用自动喷水灭火系统

预作用系统是由装有闭式喷淋头的干式喷水灭火系统上附加了一套火灾自动报警系统而组成的。预作用自动喷水灭火系统避免了由于洒水喷头意外破裂造成的水渍污损,火灾发生时,报警阀打开放水,管网充水,待喷头开启后喷水灭火。

特点:为喷头常闭的灭火系统,管网中平时不充水。发生火灾时,火灾探测器报警后,自动控制系统控制阀门排气、充水,由干式变为湿式系统。只有当着火点温度达到开启闭式喷头时，才开始喷水灭火。

3.2.2 应用案例

应用案例如图 3-28 所示。

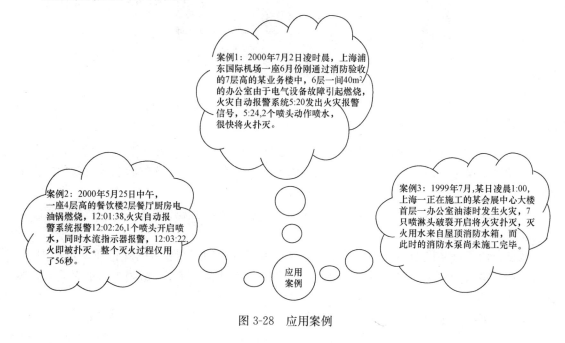

图 3-28 应用案例

3.3 气体灭火系统

气体灭火系统是指以气体为灭火介质的灭火系统。

3.3.1 气体灭火系统的分类

根据灭火介质的不同，气体灭火系统可分为卤代烷 1211、1301 灭火系统、二氧化碳灭火系统、新型惰性气体灭火系统、卤代烃类哈龙替代灭火系统、水蒸气灭火系统、细水雾灭火系统等。卤代烷 1211、1301 灭火系统也叫哈龙灭火系统。

气体灭火系统按其对防护对象的保护形式可以分为全淹没系统和局部应用系统两种形式；按其装配形式又可以分为管网灭火系统和无管网灭火装置；在管网灭火系统中又可以分为组合分配灭火系统和单元独立灭火系统。

1. 全淹没系统

在规定的时间内，向防护区喷放设计规定用量的灭火剂，并使其均匀地充满整个防护区的气体灭火系统是全淹没系统。

工程中实际应用的全淹没系统种类较多，如卤代烷 1301、1211 灭火系统、哈龙替代灭火系统中的七氟丙烷灭火系统、新型惰性气体灭火系统和高、低压二氧化碳灭火系统等。

全淹没系统适用于扑救封闭空间的火灾。此类系统在很短时间内使防护区充满规定浓度的气体灭火剂并通过一定时间的浸渍而实现的。防护区环境具有一定的封闭性、耐火性和耐压、泄压能力。

一个使用七氟丙烷的全淹没气体灭火系统如图 3-29 所示。

2. 局部应用系统

向保护对象直接喷射灭火剂，以"设计喷射强度"并持续一定喷射时间的气体灭火系统称为局部应用系统。二氧化碳局部应用系统和细水雾灭火系统就是工程中常用的此类系统。

局部应用系统应用于扑救无需封闭空间保护对象的火情。该类系统在国内的应用，仅指二氧化碳局部应用系统。

3. 管网灭火系统和无管网灭火装置

通过管网向保护区喷射灭火剂的气体灭火系统称为管网灭火系统。

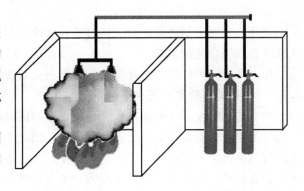

图 3-29 一个使用七氟丙烷的全淹没气体灭火系统

卤代烷 1211 和 1301 可使用管网灭火系统，高、低压二氧化碳灭火系统，细水雾灭火系统，卤代烃类哈龙替代灭火系统及新型惰性气体灭火系统都可使用管网进行灭火剂的输送和火灾的扑救。

按一定的应用条件，将灭火剂储存装置和喷嘴等部件预先组装起来的成套气体灭火装置称为无管网灭火装置。

以无管网和有管网七氟丙烷灭火装置为例：

无管网七氟丙烷灭火装置：就是气体灭火剂储存瓶经过包装成箱子，美观点，平时放在需要保护的防护区内，在发生火灾时，不需要经过很多管路，直接就在防护区内喷放灭火。一个无管网七氟丙烷灭火装置如图 3-30 所示。

有管网七氟丙烷灭火装置：就是气体灭火剂储存瓶平时放置在专用钢瓶间内，通过管网连接，在火灾发生时，将灭火剂由钢瓶间，输送到需要灭火的防护区内，通过喷头进行喷放灭火。一个有管网七氟丙烷灭火装置如图 3-31 所示。

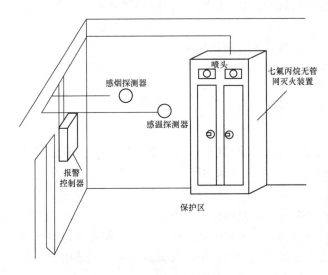

图 3-30 一个无管网七氟丙烷灭火装置

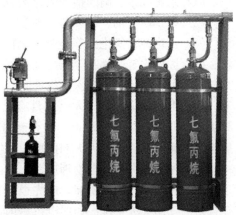

图 3-31 一个有管网七氟丙烷灭火装置

4. 组合分配系统和单元独立系统

使用一套灭火剂储存装置，通过选择阀等控制组件对多个防护区进行防火灭火的气体灭火系统称为组合分配系统。

仅对一个防护区进行防火保护的气体灭火系统称为单元独立系统。

3.3.2 卤代烷（哈龙）灭火系统

卤代烷（哈龙）灭火剂在灭火、防爆和抑爆方面具有很大的优越性，但哈龙气体属于卤代烷烃类物质，对大气臭氧层破坏性很大，因此业界提出强制性要求，要使用哈龙替代物构成的气体灭火系统取而代之卤代烷（哈龙）灭火系统。哈龙替代物对环境没有危害，对人体无害，毒性低，灭火现场清洁无沉渣，灭火效果好等优点。

由于哈龙替代物灭火系统及相关的技术发展还没有达到一个较为完善的程度，因此国家还允许在大力发展哈龙替代物灭火系统及其技术的同时，继续在一定的范围内继续使用卤代烷（哈龙）灭火系统。

近年来快速发展的洁净气体灭火系统就是卤代烷（哈龙）灭火系统的较为理想的替代系统之一。洁净气体灭火系统适合扑救的火灾类型有可燃固体的表面火灾，可融化的固体火灾，甲、乙、丙类液体火灾，电气火灾等。

洁净气体灭火系统在设计、施工和验收方面要满足和符合现行的有关国家标准、规范。

3.3.3 七氟丙烷灭火系统

1. 七氟丙烷（FM200）灭火系统简介及适用范围

七氟丙烷（FM200）灭火系统是一种高效能的灭火设备，其灭火剂 HFC-227ea 是一种无色、无味、低毒性、绝缘性好、不导电、无二次污染的气体，对大气臭氧层的损害极小，是卤代烷 1211、1301 的替代品之一。

七氟丙烷灭火系统主要适用于计算机房、通信机房、配电房、油浸式变压器、自备发电机房、图书馆、档案室、博物馆及票据、文物资料库等场所，可用于扑救电气火灾、液体火灾或可熔化的固体火灾，固体表面火灾及灭火前能切断气源的气体火灾。七氟丙烷（FM200）自动灭火系统属于全淹没系统，可以扑救 A（表面火）、B、C 类和电器火灾。

不适合使用七氟丙烷灭火系统的场所：

（1）硝化纤维、硝酸钠等氧化剂或含氧化剂的化学制品火灾。

（2）钾、镁、钠、钛、锆、铀等活泼金属火灾。

（3）氢化钾、氢化钠等金属氢化物火灾。

（4）过氧化氢、联胺等能自动分解的化学物质火灾。

（5）可燃固体物质的深位火灾。

七氟丙烷（FM200）灭火剂具有灭火效能高、对设备无污染、电绝缘性好、灭火迅速等优点。七氟丙烷（FM200）灭火剂释放后不含有粒子和油状物，不破坏环境，且在灭火后，及时通风迅速排除灭火剂即可很快恢复正常。

七氟丙烷具有非导电物理属性，因而是电气设备的理想灭火剂。

在选择气体灭火系统前，应先根据其适用场所、灭火机理、灭火效率、储存压力等，选择合适的气体灭火系统。如弱电机房内选用七氟丙烷灭火系统、柴油发电机房则选用二氧化碳灭火系统等。

2. 七氟丙烷灭火系统的组成和部分技术参数

（1）七氟丙烷灭火系统的组成

七氟丙烷系统由火灾报警气体、灭火控制器、灭火剂瓶、瓶头阀、启动阀、选择阀、压力信号器、框架、喷嘴管道系统等组成。

一个七氟丙烷灭火系统的组成如图3-32所示。

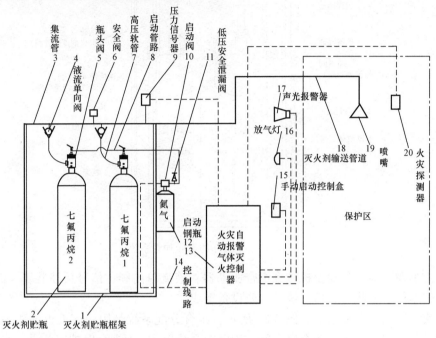

图3-32 一个七氟丙烷灭火系统的组成

系统中的液流单向阀（灭火剂流通管路），安装在灭火流通管路连接管和集流管之间，用于防止灭火剂从集流管向储存装置倒流；集流管用于汇集各灭火剂瓶组释放出的灭火剂。

（2）七氟丙烷灭火系统的部分技术参数有：

1）灭火形式：全淹没。

2）贮瓶容积、储存压力、最大工作压力。

3）灭火剂喷放时间。

4）驱动瓶充装氮气压力。

5）驱动电磁阀工作电压/电流。

6）驱动电爆管工作电压/电流。

7）使用环境温度。

8）使用电源：主电 AC220V、50Hz，备电 DC24V。

3. 管网式七氟丙烷气体灭火系统的主要类型

固定式七氟丙烷气体灭火系统（管网式七氟丙烷气体灭火系统），可以组成单元独立系统和组合分配系统两种形式。

一个实际的单元独立系统如图3-33所示，如前所述，单元独立系统指由一套灭火剂瓶组保护一个防护区的系统形式。

该系统主要由：火灾报警气体灭火控制系统、七氟丙烷（HFC-227ea）灭火剂钢瓶、容

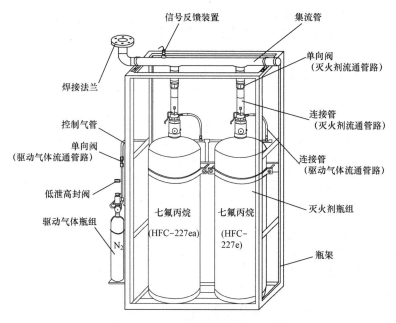

图 3-33　一个实际的单元独立系统

器阀、电磁型驱动器、气动型机械型组合驱动器、液流单向阀、信号反馈装置、高压软管、集流管、安全阀、喷嘴、管道系统等主要设备组成。

　　一个实际的组合分配系统如图 3-34 所示。组合分配系统是用一套灭火剂瓶组通过多个选择阀的选择，保护两个或两个以上的防护区的系统形式，即多个保护区共设一套系统，对整体实行综合保护。该系统主要由火灾报警气体灭火控制系统、七氟丙烷（HFC-227ea）灭火剂钢瓶、容器阀、气动型机械型组合驱动器、选择阀、液流单向阀、气体单向阀、信号反馈装置、启动钢瓶、闸刀式电磁型驱动气体容器阀、高压软管、集流管、安全阀、喷嘴、管道系统等主要设备组成。系统的灭火剂用量，可按所有保护区中最大的单区用量作为系统贮

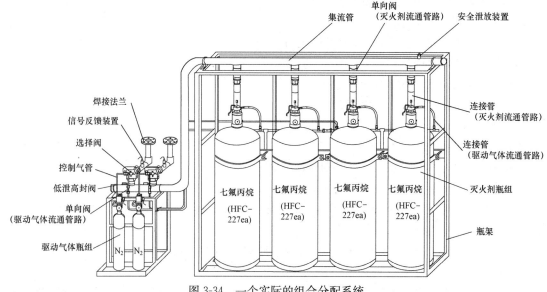

图 3-34　一个实际的组合分配系统

存量，因而灭火剂用量省，但该系统不具备对各保护区同时灭火的功能。

4. 系统控制及系统操作程序

（1）系统控制。

1）自动控制。正常状态下，控制器的控制方式选择在"自动"位置，灭火系统处于自动控制状态。当防护区发生火灾，火灾探测器发出火灾信号，火灾报警控制器即发出声光报警信号，同时发出联动命令，关闭空调，风机、防火卷帘等通风设备，并经过设定（可调）延时时间，驱动启动瓶组电磁阀，释放出的控制气体先打开对应区域的选择阀，继而打开灭火剂贮存瓶组的容器阀，释放七氟丙烷实施灭火。

2）手动控制。当防护区有人工作值班时，控制方式选择"手动"位置，灭火系统处于手动控制状态。若某防护区发生火灾，按下火灾报警灭火控制器面板上相应的"驱动"按钮，即可按"自动"程序驱动灭火装置，实施灭火。

3）机械应急手动控制。当某防护区发生火灾，而自动、手动两种控制方式均不能驱动时，应通知有关人员撤离现场，关闭联动设备。然后在设备间拔掉对应防护区驱动瓶组上的保险环，用手压下按钮，即可释放驱动灭火装置，实施灭火。

当发生火灾报警，在延时时间内发现不需要驱动灭火系统进行灭火的情况下，可迅速按下控制器或防护区外的"紧急停止"按钮，即可终止灭火控制程序。

（2）灭火动作程序。固定式七氟丙烷气体灭火系统（管网式七氟丙烷气体灭火系统）灭火动作程序同柜式七氟丙烷气体灭火装置动作程序如图 3-35 所示。

5. 防护区与设计用量

（1）防护区。七氟丙烷气体灭火系统的防护区划分应符合相关的规定：

1）防护区一般以固定的单个封闭空间划分。

2）系统采用管网结构时，每个防护区的面积不宜大于 500m^2，容积不宜大于 2000m^2。

3）防护区环境最低温度和最高温度的范围是 $0\sim50℃$。

4）防护区围护结构耐火完整性不应低于 0.5h；围护结构应该能够承受灭火剂释放时所产生的压强，一般不低于 1.2kPa。

5）防护区灭火时应能够保持封闭，防护区空间内的排烟口、通风口在喷放七氟丙烷灭火气体实施灭火时之前，都能够自动关闭。

6）防护区应在外墙上安装泄压装置，装置位置在防护区高度的 2/3 以上。泄压功能不宜由门、窗作为功能载体。

防护区泄压口面积由下述公式确定

$$A_F = KQ/P_F^{1/2}$$

式中　A_F——泄压口面积，m^2；

　　　K——泄压口面积系数，可查表获取；

　　　Q——灭火剂在防护区内的喷放速率，可查表获取；

　　　P_F——围护结构承受内压的压强允许值，Pa。

（2）七氟丙烷灭火剂的设计用量。七氟丙烷灭火剂设计用量随防护区内可燃物的类型、分布及相应的灭火浓度确定：

1）灭火剂设计用量包括设计灭火用量、剩余量等。

2）组合分配系统中的设计用量要按所有防区中灭火剂用量最多的防区设计用量来确定。

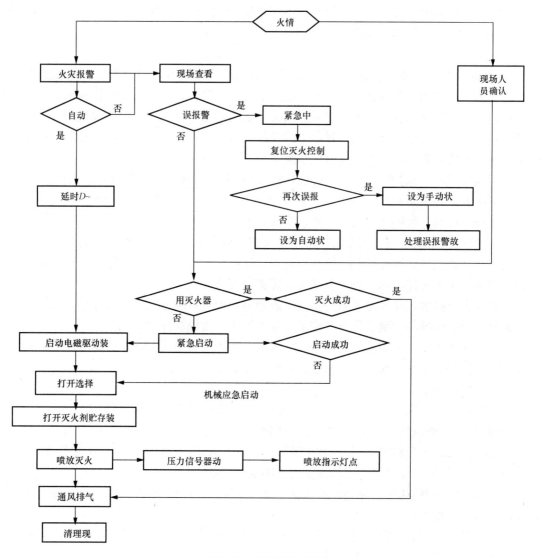

图 3-35　系统操作程序

（3）七氟丙烷灭火剂的存储量设计。七氟丙烷气体灭火系统的灭火剂的存储量设计应满足：

1）组合分配系统中的存储量要按所有防区中灭火剂用量最多的防区存储量来确定。

2）用于重要场所的七氟丙烷气体灭火系统和保护 8 个及 8 个以上防护区的组合分配系统应设置备用量，而且备用量不少于设计灭火用量。

（4）七氟丙烷气体灭火系统灭火剂设计灭火浓度。七氟丙烷灭火剂的设计灭火浓度不小于其灭火浓度的 1.3 倍。

（5）设计灭火用量。七氟丙烷气体灭火系统的设计灭火用量有一个工程经验应用公式

$$W = \frac{V}{S_V}\left(\frac{C}{100-C}\right)$$

$$S_V = 0.126\ 9 + 0.000\ 513T$$

式中：W 为七氟丙烷设计灭火用量，kg；C 为七氟丙烷设计灭火浓度（提及百分数）；S_V 为七氟丙烷过热蒸汽在 101.3kPa 和防护区最低环境温度下的比容积，m^3/kg；T 为防护区的环境温度，℃；V 为防护区的净容积，m^3。

6. 系统管网设计部分要求

（1）七氟丙烷灭火系统应采用氮气增压输送，氮气的含水量不应大于 0.006％（m^3/m^3）。额定增压压力分为两级，应符合下列规定：一级（2.5±0.125)MPa（表压）；二级 4.2±0.125MPa（表压）。

（2）七氟丙烷的喷放时间，在通信机房和电子计算机房等防护区，不宜大于 7s；在其他防护区，不应大于 10s。

（3）在储存容器或容器阀上，应设安全泄压装置和压力表。组合分配系统的集流管，应设安全泄压装置。安全泄压装置的动作压力，应符合下列规定：

1）储存压力为 2.5MPa 时，应为 4.8±0.4MPa。

2）储存压力为 4.2MPa 时，应为 6.8±0.4MPa。

（4）在容器阀和集流管之间的管道上应设单向阀。单向阀与容器阀或单向阀与集流管之间应采用软管连接。储存容器和集流管应采用支架固定。

（5）备用量的储存容器与主用量的储存容器应连接在同一集流管上，并能切换使用。

（6）在通向每个防护区的灭火系统主管道上，应设压力信号器或流量信号器。

（7）喷头宜贴近防护区顶面安装，距顶面的最大距离不应大于 0.5m。喷头的保护高度和保护半径，应符合下列规定：

1）最大保护高度，不宜大于 5.0m。

2）最小保护高度，不宜小于 0.5m。

3）当防护区高度 $h<1.5m$ 时，喷头的保护半径，不应大于 3.5m。

4）当防护区高度 $h\geqslant1.5m$ 时，喷头的保护半径，不应大于 5.0m。

3.3.4　二氧化碳灭火系统

二氧化碳灭火系统是一种纯物理的气体灭火系统。

1. 二氧化碳灭火系统的特点和分类

二氧化碳灭火系统是一种物理的、灭火过程中没有化学变化的气体灭火系统。优点是：不污损保护物、灭火快、空间淹没效果好。缺点：造价高，灭火时对人体有害。

二氧化碳在常温下无色、无臭，是一种不燃烧、不助燃的气体，便于装罐和储存，是应用较广泛的灭火剂之一。

按不同的标准，二氧化碳灭火系统有不同的分类。

（1）按灭火方式分类。可分为全淹没系统和局部应用系统。

全淹没系统：在规定时间内，向防护区喷射一定浓度的二氧化碳气体，并使其充满整个防护区空间。防护区应是一个封闭良好的空间。

局部应用系统：应用在不能封闭的局部空间灭火过程。

（2）系统按储压等级分类。按照灭火剂容器中二氧化碳气体储压不同分为高压存储系统和低压存储系统。

高压存储系统：存储压力为 5.17MPa。

低压存储系统：存储压力为 2.07MPa。

（3）按照系统结构分类，可分为单元独立系统和组合分配系统。

单元独立系统：用一套灭火剂存储装置保护一个防护区。

组合分配系统：用一套灭火剂存储装置保护多个防护区。

（4）按管网分布形式分为均衡系统管网和非均衡系统管网。

均衡系统管网：从存储容器到每一个喷嘴的管道长度大于最长管道长度的90％。

非均衡系统管网：不具备上述均衡系统管网的条件。

2. 二氧化碳灭火系统的组成及工作原理

高压 CO_2 灭火系统是现今气体灭火系统技术中很成熟的系统，其可靠的灭火能力和优良的实用性能获得了广泛应用。一个高压二氧化碳灭火系统实物如图 3-36 所示。

一个单元独立系统的主要组件和管网如图 3-37 所示。

一个组合分配系统的主要组件和管网如图 3-38 所示。

单元独立系统和组合分配系统的系统组成中都包括以下组件：紧急启停按钮、放气指示灯、声报警器、光报警器、喷嘴、火灾探测器、电气控制线路、灭火剂输送管道、灭火控制器、信号反馈装置、启动管路、集流管、灭火剂管路单向阀、安全泄压阀、压力软管、灭火

图 3-36　一个高压二氧化碳
灭火系统实物

剂容器阀、机械应急启动把手、瓶组架、灭火剂容器、启动装置、报警控制器。在组合分配系统增加了组件：选择阀和启动管路单向阀。

安装完毕并投入运行的二氧化碳灭火系统进入戒备工作状态，系统中的各类火灾探测器不间断地监视着各个保护区及被保护对象。当保护区域内出现火灾时，该区域内火灾探测器立即检测到，并发出信号送给报警控制器。控制器对火险信号进行识别和判断，一旦火灾被确认，控制器将会立即发出火险警报。

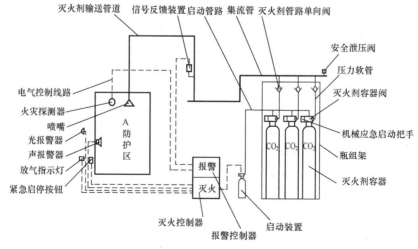

图 3-37　一个单元独立系统

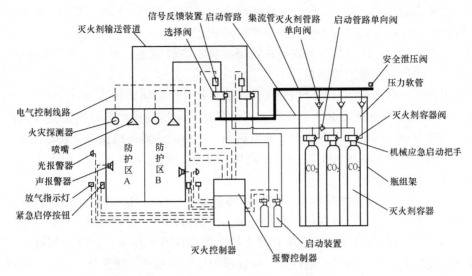

图 3-38　一个组合分配系统的主要组件和管网

如果灭火系统的开启方式置于"自动"状态，则报警控制器在接收到同一区域内相邻两只不同类型的火灾探测器同时发出逻辑关系为"与"关系的火情信号后，自动启动灭火控制器，系统进入喷放前短暂给定倒计时阶段。在倒计时期间，控制器通过设在保护区域内外的声光报警器发出紧急撤离疏散警报，并联动关闭可能影响灭火效果的有关设备，这些需要联动控制的设备有通风机、空调机组的新风阀门、需要隔离火情区域防止火情蔓延的防火卷帘等。倒计时结束，灭火控制器即向相关的电磁阀发出启动信号，打开启动瓶上的电磁阀，释放出来的高压启动气体打开相应的选择阀和二氧化碳储瓶容器阀，储瓶内的二氧化碳灭火剂经管网和喷嘴喷放到火灾区域或保护对象上，实施灭火。

如果灭火系统的开启方式设置在"手动"状态，则火灾探测器的动作只会引起火灾报警，不能使二氧化碳自动喷放。需要由火情区域附近的工作人员用手按下紧急启动按钮，才能启动二氧化碳灭火系统进行灭火。

在自动和手动失灵的情况下，操作人员还可以采用机械应急启动方式进行启动灭火。

3. 系统中部分组件的功能说明

(1) 液流单向阀：装于压力软管与集流管之间，防止灭火剂从集流管向储瓶倒流。

(2) 容器阀：装于二氧化碳储瓶上，具有封存、释放、充装、超压排放等功能。

(3) 液流单向阀：装于压力软管与集流管之间，防止灭火剂从集流管向储瓶倒流。

(4) 压力软管：高压软管安装于容器阀与液流单向阀之间，用以缓冲灭火剂释放时的冲击力。

(5) 集流管：集流管安装于瓶组架上部，通过高压软管与所有的储瓶连接，又通过选择阀与系统管网连接。当系统启动时，所有容器阀被打开的储瓶内的二氧化碳灭火剂由集流管汇集，再经过选择阀、管网及喷嘴喷入着火的保护区域。

(6) 安全阀：安全阀装于集流管端部或其他封闭管段，以防止灭火剂管道非正常受压时爆炸。安全阀为膜片式结构，采用精密爆破片，安全可靠。

(7) 选择阀：选择阀用于组合分配系统中，安装在集流管与主管道之间，控制 CO_2 灭火剂流向发生火灾的保护区域。在组合分配系统中，每个选择阀均与某一保护区域对应，规格须与主管道相一致，在选择阀上应有该保护区的标志。

（8）压力讯号器：压力信号器安装在选择阀或相应管道上，当灭火剂通过该管道段时，信号器动作，将信号反馈给控制器。

（9）启动瓶：启动瓶用以储存启动气体，提供打开二氧化碳容器阀的气动力。

（10）电磁阀：电磁阀安装在启动瓶上，由联动控制器提供的启动电流打开电磁阀，放出启动瓶内的启动气体以实现自动和手动电启动。电磁阀还具备机械应急启动功能，紧急启动时人工打开与着火保护区相对应的电磁阀即可实现二氧化碳灭火剂喷放灭火。应急开启前，应先拿下安全卡环。

（11）气路单向阀：气路单向阀安装在气体启动管路上，用来控制启动气体流动方向，开启特定的二氧化碳瓶组。该阀门用铜合金制作，结构紧凑、密封可靠、开启灵活。

（12）喷嘴：喷嘴安装于灭火系统管网末端，按设计要求将灭火剂喷洒到被保护区域或直接喷洒在被保护物体表面将火焰扑灭。喷嘴采用不锈钢制作，防腐蚀性能好。喷嘴分为全淹没型和局部应用型两类。

4. 系统的运行维护及管理

高压二氧化碳气体自动灭火系统是一种高效的灭火装置，自动化程度高、其检查维护要求严格。为了确保系统工作的可靠性，系统应由经过专门培训并经考试合格的人员负责定期检查与维护。

每年应对系统进行全面检查，检查的部分内容有：

（1）压力软管应无变形、裂纹及老化，必要时，应按相关规范对每根压力软管进行水压强度试验和气压严密性试验。

（2）灭火剂输送管道若有损伤或堵塞现象，则应按规范要求对其进行严密性试验和吹扫。

（3）系统灭火使用后，应使下列各部件复位，才可继续使用：

1）控制盘复位。

2）检查压力信号器活塞是否复位。

3）电磁阀更换新膜片，恢复原工作状态。

4）启动钢瓶重新充装启动气体。

5）将被释放过的选择阀复位。

6）检查单向阀是否复位。

7）使瓶头阀恢复原工作状态。

8）按设计要求重新充装灭火剂。

维护系统时的部分注意事项：

1）瓶组间环境温度为 $0\sim49℃$，且应保持干燥、通风良好。

2）高压二氧化碳气体自动灭火系统喷射灭火剂前，所有人员必须在延时期内撤离着火区。灭火完毕后，必须首先启动风机，将灭火气体排出后，工作人员才可进入现场。

3）在日常维护、保养或进行周期检查时应严格按照操作程序执行，确保防止二氧化碳灭火剂的误喷。

5. 适用范围

二氧化碳气体自动灭火系统性能优良，与卤代烷灭火系统相比造价较高，且灭火过程中产生的有毒气体会人火情区域附近的人员产生一定的危害作用，所以适合使用于较重要的火灾防护场所。

　　二氧化碳气体自动灭火系统可以扑灭的火灾有气体火灾、电气火灾、液体或可熔化固体火灾、固体表面火灾及部分固体的深位火灾等。二氧化碳不能扑灭的火灾有金属氧化物、活泼金属、含氧化剂的化学品等的火灾。

　　应用场所有图书档案室、精密仪器室、贵重设备室、数据中心、通信机房等，可以对一些较为贵重的专用设备进行防火保护。

第4章　防排烟及通风系统

建筑空间内发生火灾时，由于可燃的装修材料、室内的陈设在燃烧过程中产生大量浓烟和有毒烟气，会导致非常严重的建筑空间内人员伤亡。发生火灾时，为了有效地进行人员疏散和火灾扑救，最大限度地防止现场混乱，必须及时排除烟气，确保人员顺利疏散、安全避难，同时为火灾扑救工作创造有利条件，在许多建筑空间内设置防烟、排烟设施是十分必要的。

4.1　建筑火灾烟气的危害及扩散

4.1.1　建筑火灾烟气的危害

1. 建筑火灾燃烧产生的有害物质

火灾发生时，建筑装修材料、家具、纸张等可燃物的燃烧，会产生二氧化碳、一氧化碳、二氧化氮、五氧化磷、卤化氢、有机酸、碳化氢、酮类、多环芳香族碳化氢多达上百多种。

烟气是火灾燃烧过程的一种产物，由燃烧或热分解作用所产生的含有悬浮在气体中的可见固体和液体微粒组成。

2. 火灾烟气的危害

(1) 关于空气中氧气含量的数据：正常的每 10L 的空气中，约有 2.1L 的氧气；若空气中氧气浓度减少到 18%，为人类呼吸的安全限度；当氧气浓度减少至 16% 时，会使我们的呼吸与脉博加快；当氧气浓度少到 12% 时，我们会头昏，反胃，四肢无力；当氧气浓度少到 10% 时，人类脸色发白，呕吐，失去意识；当氧气浓度少到 8% 时，人会昏睡，8min 后死亡；当氧气浓度剩 6% 时，人类会抽筋，停止呼吸，死亡。

火灾烟气会急剧地消耗大量的氧气并迅速地降低火灾环境中的空气含氧量，对人身安全造成危险。

(2) 关于空气中二氧化碳含量的数据。室内空气二氧化碳浓度为 0.07% 时，人体感觉良好；二氧化碳浓度达到 0.10% 时，个别敏感者有不舒适的感觉，人们长期生活在这样的室内环境中，就会感到难受、精神不振，甚至影响身体健康。二氧化碳浓度达到 0.15% 时，不舒适感明显，至 0.20% 时，室内卫生状况明显恶化。

0.1% 是一般情况下的容许浓度，达到 0.2% 时空气较污浊；达 0.3% 时空气质量相当不良；1% 时人就会出现头痛等不适感。

二氧化碳（CO_2）本身并没有毒性，但空气中的 CO_2 高到一定程度时，对人身安全产生危险，CO_2 浓度达到 5%～7% 时，30～60min 即有危险；浓度在 20% 以上时，人将在短时间内死亡。

(3) 一氧化碳（CO）。火灾燃烧过程中，各种可燃物质燃烧还会产生有毒气体，如能够引起窒息性、黏膜刺激性的有毒气体，会导致火情区域的人员死于非命。火灾烟气中的有毒气体有 CO、氢氰酸（HCN）和氯化氢（HCl）等。

烟气中的 CO 对人有极大的威胁可能发生窒息。空气中 CO 浓度为 0.5％时，人将在 20～30min 内死亡；CO 浓度为 1‰时，人就会在 1min 内死亡。

（4）氢氰酸（HCN）。HCN 毒性强烈，当 HCN 浓度达到一定值时，可使人立即死亡。

（5）氯化氢（HCl）。HCl 对人体表面的皮肤及眼结膜和呼吸道内面的口、鼻、喉、气管及支气管的黏膜会造成伤害，轻则损伤、浮肿或坏死，重则急性中毒死亡。

（6）减光性和刺激性。火灾烟气中的悬浮微粒能进入人体肺部黏附并聚集在肺泡壁上，可随血液送至全身，引起呼吸道病和增大心脏病死亡率。

火灾烟气弥漫充斥室内空间时，使能见度大大降低，而烟气中的多种有害气体对人体呼吸器官有强烈的刺激性，这些因素都会导致火情对人员对人身伤害。

（7）恐怖性。火灾燃烧时的浓烟、熊熊烈火，引发人们极大的恐惧，人们会惊慌失措，秩序极大的混乱，根本无法迅速疏散，导致严重的伤亡。

3. 火灾烟气的扩散路线

火灾烟气形成炽热的烟气流。当高层建筑发生火灾时，烟气流会有规律地沿着三条路径流动扩散：①发生火灾的房间→走廊→楼梯间→上部各楼层→建筑物外；②发生火灾的房间→室外；③发生火灾的房间→相邻上层房间→室外。

对于高层建筑来讲，"烟囱效应"对于火灾烟气流通路径及火势蔓延起着非常重要的作用。由于着火楼层的室温迅速上升，室内温度高于室外温度，建筑物的上层部分会产生由室内向室外的压力，室内空气流向室外。同时，在建筑物的下层部分则产生由室外向室内的新鲜空气流入，由于烟囱效应的作用，高层建筑的楼梯间、电梯井以及各种管道竖井在发生火灾时将成为火势蔓延扩大的主要途径。高层建筑的底层或下层发生火灾，烟气通过各种竖井在很短时间内便可蔓延到几十层的高层，使得高层部分的人们都来不及有序疏散就被浓烟包围出现熏昏或更严重的伤害。

4.1.2　防烟、排烟系统的设置

1. 建筑物对防烟、排烟系统设置的基本要求

（1）设置防、排烟系统的目的和作用。火灾烟气中含有一氧化碳、二氧化碳、氟化氢、氯化氢等多种有毒气体成分，火灾形成的高温缺氧对人员的危害也很大。浓烈的烟雾遮蔽了人们的视线，对疏散和救援活动直接造成很大的障碍。

在高层建筑和地下建筑的空间中设置防烟、排烟系统设施可以及时排除危害作用极大的火灾烟气，确保高层建筑和地下建筑内人员的安全疏散和对火情进行的扑救。

防烟、排烟的目：阻止 火灾烟气向防烟分区以外扩散，确保建筑物内人员的顺利疏散、安全避难和为火灾扑救创造有利条件。

防排烟系统的主要作用：在疏散通道和人员密集的区域设置防排烟设施，可以将将火灾现场的烟气和热量及时排出，减弱火势的蔓延，排除灭火的障碍，排烟设施也是灭火的重要配套措施；有利于人员的安全疏散。

（2）高层建筑和人防工程设置防排烟设施的范围

1）高层建筑设置防排烟设施的范围。一类高层建筑和建筑高度超过 32m 的二类高层建筑的下列部位要求设置防排烟设施：①长度超过 20m 的内走道或虽有直接自然通风，但长

度超过 60m 的内走道。②面积超过 $100m^2$，且经常有人停留或可燃物较多，无窗房间或设固定窗的房间。③高层建筑的中庭和经常有人停留或可燃物较多的地下室。

2）高层建筑的下列部位应设置独立的机械加压送风设施：①具备自然排烟条件的防烟楼梯间、消防电梯前室或合用前室。②采用自然排烟措施的防烟楼梯间，其不具备自然排烟条件的前室。③封闭避难层（间）。④建筑高度超过 50m 的一类公共建筑和建筑高度超过 100m 的居住建筑的防烟楼梯间及其前室、消防电梯前室或合用前室。

建筑中的防烟楼梯间及前室、消防电梯前室或合用前室的位置示意如图 4-1 所示。

3）人防工程的下列部位及区域要求设置机械加压送风防烟设施：①防烟楼梯间及其前室（或合用前室）。②避难走道及其前室。

4）人防工程中要求设置机械排烟设施的部位有：①建筑面积超过 $50m^2$，且经常有人停留或可燃物较多的各种房间、大厅或丙、丁类生产车间（中国国家标准根据生产中使用或产生的物质性质及其数量等因素，将生产的火灾危险性分为甲、乙、丙、丁、戊类。其中丙类厂房：闪点大于或等于 60℃ 的液体的生产；可燃固体的生产。丁类厂房：对不燃烧物质进行加工，并在高温或熔化状态下经常产生强辐射热、火花或火焰的生产；利用气体、液体、固体作为燃料或将气体、液

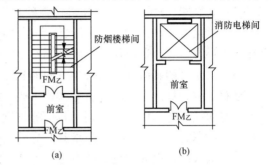

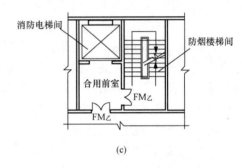

图 4-1　防烟楼梯间及前室、消防电梯前室或
合用前室位置示意图

（a）防烟楼梯间及前室；（b）消防电梯间前室；
（c）防烟楼梯间和消防电梯间合用前室

体进行燃烧作其他用的各种生产；常温下使用或加工难燃烧物质的生产）。②总长度超过 20m 的疏散走道。④电影放映厅、舞台等。

4.2　防排烟设施对火灾烟气的控制和防烟分区

4.2.1　防排烟设施对火灾烟气的控制

防排烟设施对火灾烟气的控制目的：使建筑空间内有着安全的疏散通道或安全区，即使疏散通道或安全区内有很少量的火灾烟气。

防排烟设施对火灾烟气控制的实现技术手段有：采用隔断或阻挡方式；使用自然或机械排烟的方式将火灾烟气安全导出建筑空间内；在一些情况下采用加压排烟方式控制火灾烟气流动。总的来讲就是控制火灾烟气的合理流动，不流向疏散通道、安全区和非火情区，而导出到室外。

建筑中的防火分区对防烟排烟有着重要的作用，防烟分区也是有效防烟排烟的有效举措。防烟分区是指在设置排烟措施的通道、房间中，用隔墙或其他措施（可以阻挡和限制烟气的流动）分割的区域。

排烟设施利用自然排烟或机械排烟方式将火灾烟气排出室外。设置排烟设施的位置是火情区域和疏散通道。

加压防烟是建筑防排烟的一种技术。用送风机将一定量的室外空气输运到建筑内的独立房间及通道内，使室内气压较室外气压要高一个差值，导致门洞或门隙缝处有一定流速的向外流动的空气流，防止了房间和疏散通道外部空间的烟气侵入。图 4-2 是房间在门关闭时的加压防烟情况，图 4-3 是房间门在开启时的加压防烟情况。

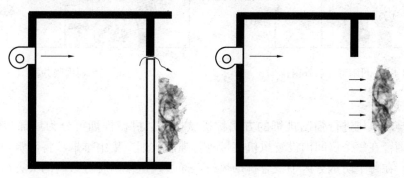

图 4-2　门关闭时的加压防烟　　　　图 4-3　门开启时的加压防烟

4.2.2　防烟分区

防烟分区划分目的在于防止烟气扩散，主要用挡烟垂壁、挡烟壁或挡烟隔墙等措施来实现，以满足人员安全疏散和消防扑救的需要，以免造成不应有的伤亡事故。

4.3　防烟排烟系统

高层建筑的防烟、排烟系统的正常运行在一定程度上也能起到保证建筑物安全的作用。尤其是排烟系统则是采用人为方式提供火灾烟雾的通道而保护人员尽可能不受伤害和尽可能减小火灾中财产的损失。

4.3.1　自然排烟

高层建筑的排烟方式有自然排烟和机械排烟两种。

自然排烟是火灾时，利用室内热气流的浮力或室外风力的作用，将室内的烟气从与室外相邻的窗户、阳台或专用排烟口排出。自然排烟不消耗电能转换的动力，结构简单、运行可靠。

自然排烟也有一些固有的不足：在火势猛烈时，火焰易从能自由流通空气的通道向其他区域蔓延；室外风力对自然排烟影响较大，如发生火情的房间面对风压时，烟气排除困难等。

自然排烟常用两种方式：利用外窗或专设的排烟口排烟；利用竖井排烟。利用可以开启的外窗排烟的情况如图 4-4 所示，利用竖井排烟的情况如图 4-5 所示。

建筑中的竖井等效于一个烟囱，各个房间的排风口与之相连，任何一个楼层中房间或区域发生火情时，排风口自动或采用人工方式打开，烟气从竖井排出室外。

有一些对自然排烟发生明显影响的因素：火灾烟气温度随时间变化；室外风向和风速随季节变化；建筑的热压作用和烟囱效应随着室内外温差的不同而不同。

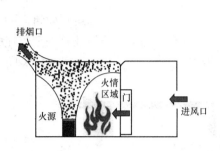

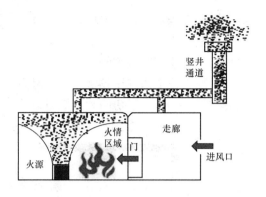

图 4-4 利用可开启外窗排烟   图 4-5 利用竖井排烟

4.3.2 机械排烟

借助于排烟风机进行强制排烟的方法称机械排烟。机械排烟可分为局部和集中排烟两种。局部排烟：在每个房间内设置风机直接进行强制排烟。集中排烟：将建筑物划分为不同的防烟分区，在每个防烟分区中设置排烟风机，通过风道排出各分区内的火灾烟气。

1. 机械排烟系统的送风方式

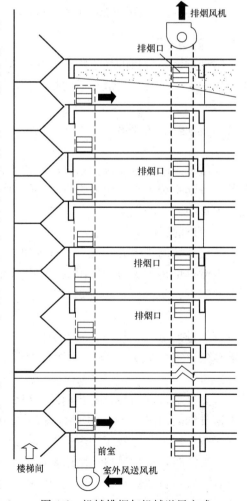

高层建筑使用机械持续排烟的过程中，还要向房间内持续补充室外的新风，而补充室外新风的方式可以有机械送风和自然送风，因此，机械排烟系统就有机械排烟与机械送风方式和机械排烟与自然送风方式。

（1）机械排烟与机械送风。在排烟与机械送风方式下，将排烟风机设置在建筑的最上层，建筑物的下部设置送风机，如图 4-6 所示。

机械排烟和机械送风中，防烟楼梯间、前室及消防电梯前室上部的排烟口和排烟竖井连接在一起，将火灾烟气通过排烟竖井排放。也可以采用通过房间上部的排烟口将火灾烟气排至室外，而室外送风机通过竖井和设置于前室的送风口将新风补充进室内来。高层建筑的隔层排烟口和送风口的开启与排烟风机及室外送风机的工作运行同步进行。

（2）机械排烟与自然送风。在机械排烟与自然送风方式中，排烟系统和机械排烟和机械送风方式中的情况一样，但送风方式是依靠自然进风方式，具体地讲就是依靠排烟风机运行后形成的负压、通过自然进风竖井和进风口前室（或走道）来补充新风，这种排烟方式如图 4-7 所示。

2. 机械排烟系统中的部分设备组件

机械排烟系统由挡烟垂壁、排烟口、排烟道、

图 4-6 机械排烟与机械送风方式

排烟防火阀及排烟风机等组成。

（1）挡烟垂壁。挡烟垂壁是指：用不燃烧材料制成，从顶棚下垂不小于 500 mm 的固定或活动的挡烟设施。固定式挡烟垂壁系指火灾时因大火高温产生浓烟、浓尘，而挡烟垂壁能够有效地挡烟降尘，阻挡烟雾在建筑顶棚下横向流动，以利提高在防烟分区内的排烟效果。一个玻璃挡烟垂壁如图 4-8 所示。

（2）排烟口。排烟口按照要求要设置在防烟分区的中心位置，距离同一个防烟分区最远点距离不超过 30m。排烟口应设置在顶棚或靠近顶棚的墙面上，并且与附近安全出口沿走廊方向相邻边缘之间的最小水平距离小于 15m。排烟口平时处于关闭状态，当发生火灾时，控制系统自动控制排烟口开启，通过排烟口将火灾烟气迅速排往室外。

常用的多页排烟口如图 4-9 所示，电动多叶排烟口外观结构如图 4-10 所示。

电动多叶排烟口通常用于安装于楼梯前室、排烟竖井的墙上，亦可安装在排烟系统管道侧面或风道末端。平时常闭，火灾发生时，烟感探头发出火警信号，控制排烟口动作。排烟口打开时输出电信号，可以根据用户要求可与其他设备联锁。

常用的板式排烟口如图 4-11 所示。板式排烟口安装在走道或房间、无窗房间的排烟系统的排烟口等位置。

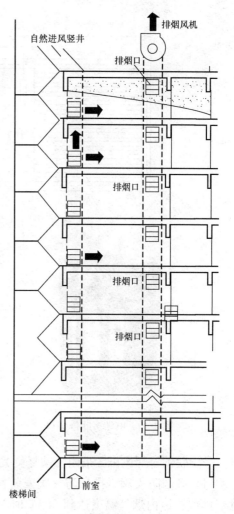

图 4-7　机械排烟与自然送风方式

平时常闭并由远控排烟阀远距离绳索自动或手动开启装置，遇火灾信号连锁，使板式排烟口自动开启；微动开关输出板式排烟口开启信号与联动控制信号，由消防控制中心控制排烟风机启动和关闭通风、空调系统。

（3）排烟阀。排烟阀安装在机械排烟系统的排烟支管上，平时呈关闭状态（与防火阀相反）在发生火灾时，温度升到设定值就打开，排烟系统随之启动，排除大量烟气和能量。

排烟阀一般由阀体、叶片、执行机构等部件组成。

一个远控排烟阀如图 4-12 所示。该排烟阀通过 DC 24V 电信号可将阀门迅速开启，也可以手动开启。当排烟阀开启后，输出开

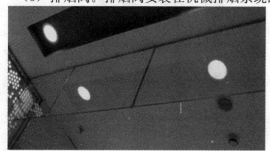

图 4-8　玻璃挡烟垂壁

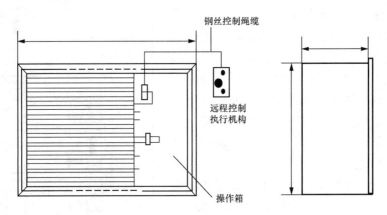

图 4-9　常用的多页排烟口

图 4-10　电动多叶排烟口

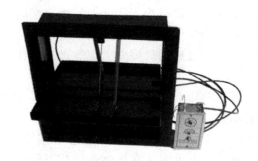

图 4-11　可远程控制板式排烟口

启信号，联锁排烟风机。采用手动复位关闭。

（4）排烟防火阀。排烟防火阀安装在机械排烟系统的管道上，平时呈开启状态，火灾时当排烟管道内烟气温度达到 280℃时关闭，并在一定时间内能满足漏烟量和耐火完整性要求，是隔烟阻火的阀门，排烟防火阀一般由阀体、叶片、执行机构和温感器等部件组成。

排烟防火阀分为：常闭型和常开型排烟防火阀。一个排烟防火阀的外观如图 4-13所示。

图 4-12　一个远控排烟阀

图 4-13　一个排烟防火阀的外观

排烟防火阀适用于排烟系统管道上或风机吸入口处，兼有排烟阀和防烟阀的功能。对于常闭型排烟防火阀来讲，一般安装在排烟系统的管道上或排烟口或排烟风机吸入口处，具有排烟阀和防火阀的双重功能，平时处于常闭状态，火灾时电动打开进行排烟，当排烟气流温度达到280℃时，温感器动作将阀门关闭起到防火的作用。常闭型排烟防火阀结构如图4-14所示，能够进行电控、温控和手动操作控制。

（1）电控：消防中心电信号（DC24V）电磁铁动作阀门自动开启。

（2）温控：温感器动作阀门自动关闭。

（3）手动开启、手动复位。

常开型防火阀和常闭型排烟防火阀不同，二者区别在：

（1）常闭型排烟防火阀（常闭，电信号开启，280℃熔断关闭或手动关闭）一般应用于排烟系统中，可在排烟风机吸入口安装一个，火灾时由消控室控制开启，关闭时也可联动关闭该排烟风机。

（2）常开型排烟防火阀，280℃熔断关闭，常开，输出电信号，一般应用于火灾排烟管穿越防火墙处，烟气温度超过280℃时自动熔断关闭，可联动关闭排烟风机。

图4-14　排烟防火阀的结构

（3）排烟风机。排烟风机有离心式和轴流式两种类型。排烟风机在结构上要有一定的耐燃性和隔热性，以保证在输运烟气的过程中当烟气温度达到280℃时能够正常运行30min以上。排烟风机的安装位置为所在防火分区的排烟系统最高排烟口的顶部。一个轴流式排烟风机如图4-15所示。

图4-15　一个轴流式排烟风机

这里要注意离心风机和轴流风机的区别：离心风机是轴向进风，径向出风，利用离心力（取决转速及外径）做功，使空气提高压力，因而在同等外形尺寸（及转速）下，产生的压力要大于混流风机，轴流风机，而风量要小于混流风机，轴流风机；轴流风机是轴向进风，轴向出风，通过叶片的倾角，利用推力（升力）做功，因而在同等外形尺寸（及转速）下，产生的压力，要远小于离心风机，而在轴向的结构下，因过流面积要远大于离心风机，所以风量要比离心风机大。

3. 机械排烟系统的控制程序

建筑物发生火灾时，由于防烟、排烟系统中的不同设备要协同工作，需要明确地掌握什么时候哪些设备动作，同一时间内哪些设备协同动作。对于小型排烟设备，不设置人员监控岗位，也没有集中控制室，技术人员在发生火灾时一般是在现场附近进行局部操作。

对于大型排烟系统，必须要对系统中的不同功能设备进行总体系统的协同操作，同时还要能够进行局部操作，操作过程中不能将不同设备运行顺序搞错，否则将可能将火灾烟气引进疏散通道或其他部位，形成新的危害，因此要设置消防控制室，配备专门的技术人员对防烟、排烟系统整体进行有效监控。

4.3.3 防烟系统

防烟系统是指采用机械加压送风或自然通风的方式，防止烟气进入楼梯间、前室、避难层（间）等空间的系统。高层建筑的防烟系统有机械加压送风和密闭防烟两种方式。

1. 机械加压送风

机械加压送风就是对于建筑物的某些部位送入足够量的新鲜空气，使这些区域维持一定高于其他区域的气压，从而使其他区域发生火情时产生的烟气不能扩散到防护区域，这就是机械加压送风防烟。

更具体地讲，就是对疏散通道的楼梯间进行机械送风，使火灾区域产生的烟气不能够侵入，送风可直接利用室外空气既可。发生火灾区域的烟气则通过走廊外窗或排烟竖井排出建筑物外。机械加压送风系统如图 4-16 所示。

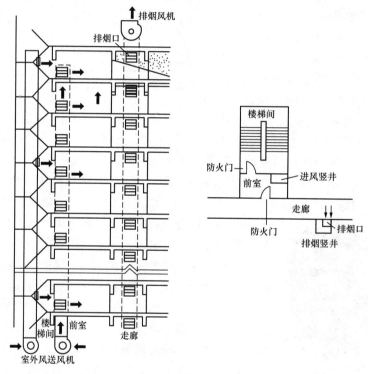

图 4-16　机械加压送风系统

2. 需要机械加压送风防烟的区域

机械加压送风防烟是一种很有效的防烟措施，但系统实施成本较高，故该系统只应用于一些重要的建筑物及重要的区域，如应用于高层建筑的垂直疏散通道和避难层。根据 GB 50016—2014，高层建筑中应采用加压防烟的具体区域及部位见表 4-1。

表 4-1　　　　　　　　　　高层建筑中应采用加压防烟的具体区域及部位

序号	需要防烟的部位	有无自然排烟的条件	建筑类别	加压送风部位
1	防烟楼梯间及前室	有或无	建筑高度超过 50m 的一类公共建筑和高度超过 100m 的居住建筑	防烟楼梯间
2	防烟楼梯间及合用前室	有或无		消防电梯前室
3	防烟楼梯间	有或无		防烟楼梯间和合用前室

序号	需要防烟的部位	有无自然排烟的条件	建筑类别	加压送风部位
4	防烟楼梯间前室	无		防烟楼梯间
	防烟楼梯间	有或无		
5	防烟楼梯间	无		防烟楼梯间
	合用前室	有		
6	防烟楼梯间及合用前室	无	除上述类别的高层建筑	防烟楼梯间及合用前室
7	防烟楼梯间	有		前室或合用前室
8	前室或合用前室	无		
	消防电梯室	无		消防电梯前室
9	避难层（间）	有或无		避难层（间）

3. 机械加压送风防烟系统的组成

机械加压送风防烟系统由、加压送风机、加压送风口、风道、新风口及控制装置等组成。为保证机械加压送风系统的新风安全可靠（发生火灾时无烟雾混入），新风口应低于排烟口，与排烟口的水平距离应大于 20m。因此，新风口（和加压风机）一般应设在建筑物的底部，例如，把加压送风机设置在靠近建筑物底部的设备层。

（1）机械加压送风机。机械加压送风机可采用轴流风机或中、低压普通离心式风机。加压送风机应设置在不受建筑物内火灾影响的送风机房内。机房的位置可根据供电条件，风量分配均衡和新风入口不受火、烟威胁等因素确定。

机械加压送风机的全压，除计算最不利环路管路的压头损失外，尚应留有余压；当所有门均关闭时，余压值应符合下列要求：防烟楼梯间为 40～50Pa，前室、合用前室、消防电梯间前室、封闭避难层（间）余压值为 25～30Pa。

（2）加压送风口。加压送风口应该外观完好，安装牢固；开启与复位操作应灵活可靠，关闭时应严密，反馈信号应正确。

楼梯间的加压送风口一般采用自垂式百叶风口或常开的百叶风口。自垂式百叶风口在室内气压大于室外气压时气流将百叶吹开，而向外排气，反之室内气压小于室外气压时气流不能反向流入。一个自垂式百叶风口如图 4-17 所示。

图 4-17　一个自垂式百叶风口

当采用敞开的百叶风口时，要在加压送风机出口处设置止回阀。楼梯间的加压送风口一般每隔 2～3 层设置一个。前室的加压送风口为常开的双层百叶风口，每层设置一个这样的风口。

（3）加压送风道。加压送风道采用密实和不漏风的非燃烧材料组成。

（4）余压阀。使用机械加压送风系统时，为保证防烟楼梯间及前室、消防电梯室及合用

室区域的气压值相对于相邻区域为正压值，但还要
防止正压过大导致门不易打开，因此在防烟楼梯间
与前，前室与走廊之间设置余压阀控制正压值保持
合理值（不超过 50Pa）。一个余压阀如图 4-18 所示。

该余压阀用来维持一个合理的正压差，排除受
控区域内多余空气，阻止外部空气侵入。余压阀是
一个单向开启的风量调节装置，按静压差来调整开
启度，用重锤的位置来平衡风压。

4. 机械加压送风系统的运行方式与压力控制

（1）加压系统的运行方式。机械加压送风系统
的运行方式有一段式和两段式方式。如果加压系统
按照设计要求仅仅在发生火灾时才投入运行，而在

图 4-18　一个余压阀外观

平时则停止运行，这种系统运行方式就是一段式运转。如果加压系统平时可对建筑物内的空
气进行调节，以较低空气压力进行送风换气，而发生火灾时，能立即投入加压运行，就是两
段式方式运转。

一般地，两段式运转较为理想。加压送风系统所控区域与区域外部保持设定的空气压差
范围，平时运行时为 8～12Pa，发生火灾运行时为 25～50Pa。

加压送风设备启动设置手动方式，如果所在建筑配置有火灾自动报警系统时，还应设与
火灾自动报警系统进行联动装置。

（2）正压值的控制。正压值的控制是指为维持某区域的正压对其进行加压送风的同时，
还存在着该区域与相邻区域的气体漏泄，当送风与漏泄达到平衡时的空气压力参数就是受控
的正压值参数。当送风量或漏泄风量有一个发生变化，原有的平衡状态的参数都要被改变。
如果在防火分区和防烟分区中使用的防火门实际门缝较大，要维护一定的正压值是比较困
难的。

正压值的维护应注意如下几点：

1）对选用防火门、窗的缝隙进行实际了解，防止设计计算的盲目性。

2）加压部位不应穿越各种管道，如必须穿越时，应在管道与墙体之间的缝隙处采用不
燃烧材料严密堵塞。

3）单扇防火门应装有闭门器，双扇防火门则应装顺序闭门器（采用常闭小门的双扇防
火门除外）。

（3）加压空气从建筑物内部排出的途径。向建筑物内部输送加压空气的同时，应考虑加
压空气由建筑物内部排出途径与之匹配，一般认为当楼梯间及其前室设置加压送风设施时，
其走道设有机械排烟设施与之匹配是最佳方式，当走道没有机械排烟设施时，应考虑建筑物
周边有可开启的外窗进行自然排烟。

加压风机以及电动阀等用电设备，应采用消防电源，以保证有火警情况下的运行和
动作。

4.3.4　防排烟设备的监控

1. 正压风机和排烟风机的控制

（1）正压风机的控制。高层建筑中通常将高度较低的小型设备和管道用房组织在同一

层，称为技术层。高层建筑中的送风机一般情况下安装在下技术层或 2～3 层，排烟机则安装在顶层或上技术层。发生火灾时，相应分区中的楼梯间及消防电梯前室的正压风机开启，对各楼层的前室送风，维持前室的风压为正，防止火灾烟气进入前室，保证垂直疏散通道的安全。这里注意，正压风机不是送风设备，故高温烟雾不会进入风管，不会危及风机，故正压风机出口不设防火阀。正压风机可以使用火警信号联动控制外，还可以通过联动模块在消防中心进行控制，除此而外，还要设置现场启停控制按钮，共调试及维修用。

（2）排烟风机的控制。对于如图 4-19 所示的排烟系统，排烟阀 A 安装在排烟风机的风管上，设与排烟阀对应的火灾探测器在检测到火灾信号后，将该信号发给消防控制中心，消防控制中心对火情信号进行确认，给排烟阀 A 的火警联动模块送出开启阀 A 的控制信号，火警联动模块在开启排烟阀 A 后将信号发给消防控制中心，消防控制中心再将启动排烟风机的指令发给排烟风机附近的火警联动模块，完成启动排烟风机。火警撤销时，再由消防控制中心通过火警联动模块控制排烟风机停机和关闭排烟阀。

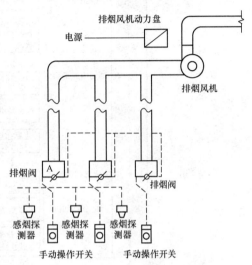

图 4-19　排烟系统的排烟阀和排烟风机动作原理

（3）排风与排烟共用风机的控制。现代建筑中还有很多风机可以承担既是排风风机也是排烟风机的功能。如大型商厦和地下空间的许多风机就具有这样的双重功能。平时用于排风，发生火灾时用于排烟。

排风的风阀和排烟的风阀是分开的，通常排风风阀呈常开状态，排烟风阀呈常闭状态。没有火情的时候，常开状态的风阀始终承担排风的任务；如果发生火灾，由消防联动环节发出指令关闭全部排风风阀，并按照发生火情的区域开启相应的排烟阀，顺序指令开启排烟风机实施排烟。火警撤销，风机停止，使用人工方式到现场开启排风阀，手工关闭排烟阀，是系统恢复到初始正常状态。

4.3.5　防烟排烟设备的监控

如果建筑物采用的是小型防排烟设备，一般就不设置专门的技术人员进行监控，也就没有必要将小型防排烟设备纳入集中控制系统，具体操作方式就是发生火情时，人工在火情区域进行局部操作这些防排烟设备。

对于大型防排烟设备，就要设置消防控制室来对其进行控制和监视。一个有着紧急疏散楼梯及前室的高层楼房的排烟系统原理图如图 4-20 所示。图中的纵坐标表示火灾发生后火势逐渐扩大到各楼层的情况和对应的排烟系统的运行和操作内容。

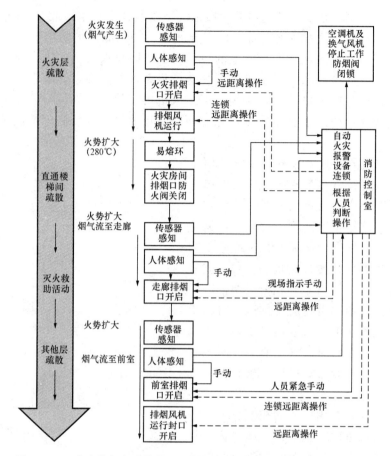

图 4-20　一个有着紧急疏散楼梯及前室的高层楼房的排烟系统工作原理

第5章 防火卷帘与消防电梯

5.1 防火卷帘门的控制、控制要求及控制系统设计

5.1.1 防火卷帘

防火卷帘门是安装在建筑物中防火分区通道口处，能有效地阻止火势蔓延、隔烟和隔火，保障生命财产安全，是现代建筑中不可缺少的防火设施。

发生火灾时，可以使用三种方式对防火卷帘门实施控制：根据消防控制中心的指令控制；根据探测器及自动控制环节的指令进行控制；使用手动操作实施控制卷帘门通过一定程序降到关闭位置。在降下及关闭卷帘门的过程中，首先降到一个位置并延时一段时间，在这段延时时间内，使被封闭空间内的人员有足够的时间逃生，然后再完全封闭或分割火情区域。

1.电动防火卷帘门结构和控制程序

设置在疏散通道上的防火卷帘门应在卷帘门两侧设置启闭装置，并应该具有自动、手动及机械控制的功能。

卷帘门有卷筒、导轨、帘板、外罩、电动和手动环节、控制箱、控制按钮和钢管等组成。电动防火卷帘门的结构和安装示意图如图5-1所示。

可以将控制箱安装于外罩内或外罩旁的墙上。控制箱、控制按钮有防火卷帘门生产厂商成套供应。

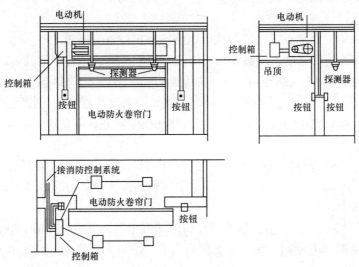

图 5-1 电动防火卷帘门的结构和安装示意图

电动防火卷帘门的控制程序如图5-2所示，控制程序如下：

1) 感烟火灾探测器将火情报警信号传递给火灾报警控制器。

2）火灾报警控制器将一级联动控制信号（控制卷帘门下落 1.2～1.8m 的控制信号）传送给控制结构控制卷帘门下落至 1.2～1.8m 的高度上。

3）当卷帘门在下落到 1.2～1.8m 的高度上时，将此状态信号反馈到火灾报警控制器。

4）经过设定的延时时间后，火灾报警控制器发出控制卷帘门下落到地面的指令。

5）卷帘门位置处的传感器再将卷帘门下落到地面的状态信号反馈给火灾报警控制器。

2. 防火卷帘门电气控制

在防火卷帘门电气控制系统中，电动机及传动装置安装在门的侧上方，控制箱要安装在门的一侧 1.4m 处，可远距离操作，也可现场就地操作，同样将启停信号引至消防中心，并将烟感及温感触点引到控制箱内。防火卷帘门电气控制线路如图 5-3 所示。

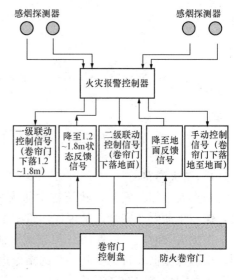

图 5-2　电动防火卷帘门的控制程序

（1）在火情初起的情况下，电气控制线路控制顺序：

1）没有发生火灾时，卷帘门处于卷起吊悬在上方，呈现锁住状态。

2）当发生火灾后，初期产生烟雾，感烟探测器报警，消防中心发出控制指令，触点 KA1 闭合（消防中心火灾报警控制器上的继电器动作），中间继电器 KA1 线圈通电动作，使信号灯 HL 亮并发出光报警信号。

3）电警笛 HA 发出声报警信号。

4）KA11-12 触头闭合，向消防中心馈送卷帘门启动信号（KA11-12 号触头 控制消防中心信号灯的电路通断）。

5）开关 QSl 的动合触点短接，为执行电路部分提供直流电源。

6）电磁铁 YA 线圈通电，接触卷帘门闭锁，接触闭锁后，卷帘门就可以受控下降了。

7）中间继电器 KA5 线圈通电，接通接触器 KM2 线圈，KM2 触头动作，门电动机反转拖动卷帘门下落，当卷帘门下降距地 1.2～1.8m 的固定位置处时，位置开关 SQ2 受碰撞动作，使 KA5 线圈失电，KM2 线圈失电，门电动机停转并悬停在这个位置上，为灭火和人员逃生提供通道。

（2）如果火势继续增大，温度上升，卷帘门控制电路一系列的顺序动作：

1）火势增大，消防中心火灾报警控制器上与感温探测器联动的触点 2KA 闭合，接通中间继电器 KA2 线圈。

2）继电器 KA2 线圈上电后，触头动作将时间继电器 KT 线圈接通上电。

3）时间继电器 KT 延时 30s，触点闭合，使 KA5 线圈接通上电，KM2 又重新接通上电。

4）KM2 通电后，门电动机反转，卷帘门继续下放，直到卷帘门落地。

5）卷帘门落地时，碰撞位置开关 SQ3 使其触点动作，中间继电器 KA4 线圈通电，其动断触点断开，使 KA5 失电释放。

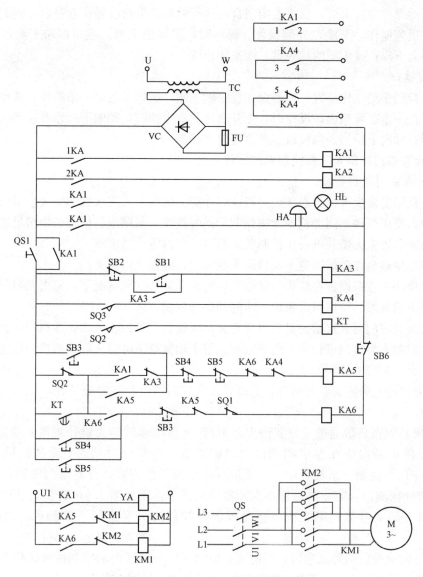

图 5-3　防火卷帘门电气控制线路

6）KA5 失电释放使 KM2 线圈失电，门电动机停止。

7）接上一步，KA43-4 号，KA45-6 号触点将卷帘门落地信号馈送回消防中心。

（3）火灾扑灭后，电气控制线路的系列控制动作：

1）当火扑灭后，按下消防中心的卷帘卷起按钮 SB4 或由技术人员在现场按下卷起按钮 SB5，均可使中间继电器 KA6 线圈接通上电。

2）中间继电器 KA6 线圈接通，使接触器 KM1 线圈接通上电，门电动机正转，卷帘上升。

3）当卷帘门上升到顶端上限位置时，碰撞位置开关 SQ1 使之动作，KA6 线圈失电触头释放，KM1 失电，门电动机停止，卷帘门卷起到位并为下一次动作做准备。

4）开关 QSl 用手动开、关门，而按钮 SB6 则用于手动停止卷帘升和降。

对于电动操作方法来讲，操纵卷帘门自动运行的电动按钮设置在卷帘门一侧的内外墙体上，既能在里侧操作，又能在外侧操作。操作时，按绿色上键，卷帘即向上卷，按绿色下键，卷帘即向下降；按中间的红色键，既是停止键。

3. 手动操作方法

防火卷帘门手动操作位置一般都设在卷帘轴一侧，操作工具是一条圆环式铁锁链，通常锁链被放置在一个贮藏箱内，操作时，先开启箱门拿出锁链，如向下拉靠墙一侧的锁链，卷帘便向下降；如向下拉另一侧锁链，卷帘便向上卷起。

5.1.2 防火卷帘门控制要求和控制系统设计

1. 防火卷帘门控制要求

国家规范规定发生火灾后必须经过确认后才能关闭发生火灾区域的防火卷帘门，因此在系统设计中，使用两种不同类别的火灾探测器同时报警，两路报警信号必须满足逻辑与的关系后，方能确认发生火情并进一步控制防火卷帘动作封闭火情区域。

（1）应尽量避免在疏散通道上设置防火卷帘门，应代之以防火门。

（2）如果防火卷帘设置在防火分区处用做防火分隔，这种情况下，防火卷帘门不影响火灾应急状态下的疏散，所以可以采取一步降到底的控制方式。

（3）防火卷帘门对火灾防护具有重要意义，应设置三种控制方式，即程序联动控制、在消防控制室对防火卷帘门进行集中管理控制、设手动紧急下降防火卷帘的控制按钮。

（4）防火卷帘门的控制要求。

1）疏散通道上的防火卷帘两侧，应设置火灾探测器组及其警报装置，且两侧应设置手动控制按钮。

2）如果必须在疏散通道上设置防火卷帘门，《高层建筑防火设计规范》规定："设在疏散通道上防火卷帘应在卷帘两侧设置启闭装置，并具有自动、手动和机械控制的功能。"在卷帘门的控制下落过程中，应采取两次控制下落方式，在卷帘门两侧设专用的感烟及感温两种探测器，第一次由感烟探测器控制其下落距地面 1.8m 位置处悬停，防止烟雾扩散至另一防火分区；第二次由感温探测器控制防火卷帘门下落到底，以防止火灾蔓延。

3）用作防火分区的防火卷帘：当防火卷帘两侧任一分区内的感烟探测器任意两个动作时，防火卷帘下降到底，并将防火卷帘底位信号反馈给消防控制室。

对防火卷帘门的控制要求：当防火卷帘两侧的任一感烟探测器动作时，卷帘门下降至距地 1.8m；当防火卷帘门两侧的任一组感烟、感温探测器全部动作时，防火卷帘门自动下降到底；并将防火卷帘门的中位、底位信号反馈给消防控制室。

2. 防火卷帘门控制系统设计例

某商场中在自动扶梯的四周及商场的防火墙处设置了防火卷帘门，用于防火隔断。感烟、感温探测器布置在卷帘门的四周，每组防火卷帘门设计配用一个控制模块、一个监视模块与卷帘门电控箱连接，以实现自动控制。

防火卷帘门分为中心控制方式和模块控制方式两种，中心控制方式的框图如图 5-4 所示，模块控制方式的框图如图 5-5 所示。

（1）中心控制方式。是指由消防控制室内值班人员直接操作卷帘起降的一种方式。一般是由监控发现或由报警器报警，在某个区域发生火灾情况下，直接在控制室启动电开关，实施区域隔断，控制火势蔓延。中心控制方式原理框图如图 5-4 所示。

（2）模块控制方式。使用模块控制方式的原理框图如图 5-5 所示，在这种方式中，现场探测器直接将检测到的火情信号送至控制模块，再由控制模块控制防火卷帘门的降落。位置信号也送给控制模块，控制模块再将这些信号送至消防控制室。

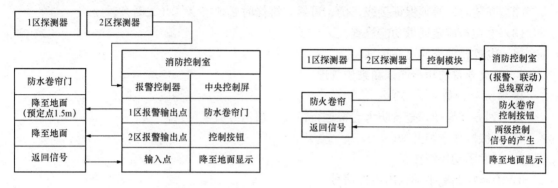

图 5-4 中心控制方式框图　　　　　　　　　图 5-5 模块控制方式

5.1.3 防火卷帘门的电控箱主要功能和使用注意事项

1. 防火卷帘门的电控箱主要功能

防火卷帘门的手动控制按钮如图 5-6 所示，防火卷帘门的电控箱如图 5-7 所示，主要功能有：

图 5-6 防火卷帘门的手动控制按钮　　　　图 5-7 防火卷帘门的电控箱

（1）基本功能：手动控制卷帘门上行、下行、停止。

1）接收烟雾传感器和温度传感器信号时由 A 程序模式、B 程序模式、C 程序模式来控制完成一次下滑、中间停留和二次下滑。

2）接收消防中心信号自动控制完成一次下滑、中间停留和二次下滑。

3）火警状态：门运行到底后按"上行"、"下行"或"停"中任一键皆为上升。门位指示输出（中位、上限和下限）。

（2）辅助功能：

1）电源、相序、过载、运行状态发光指示功能。

2）火警声光报警功能。

（3）保护功能。

1) 电源进线相序自动检测和相序改变后保护功能。

2) 过载自动保护功能。

3) 缺相自动保护功能。

2. 使用注意事项

(1) 运输、使用时谨防雨淋，剧烈振动。

(2) 安装时，必须保证接线正确、可靠，维修时必须将空气开关断开。

(3) 电控箱应定期做功能检查。

(4) 电控箱外壳应可靠接地。

5.1.4　防火卷帘的功能测试和维护管理

1. 防火卷帘的功能测试

按下列方式操作，查看防火卷帘运行情况反馈信号后复位：

1) 机械操作卷帘升降。

2) 触发手动控制按钮。

3) 消防控制室手动输出遥控信号。

2. 防火卷帘的维护管理

(1) 防火卷帘的组件应齐全完好，紧固件应无松动现象。

(2) 防火卷帘现场手动、远程手动、自动控制和机械应急操作应正常，关闭时应严密。

(3) 防火卷帘运行应平稳顺畅、无卡涩现象。

(4) 安装在疏散通道上的防火卷帘，应在一个相关火灾报警探测器报警后下降至距地面 1.8m 处停止；另一个相关火灾报警探测器报警后，卷帘应继续向下降至地面，并向火灾报警控制器反馈信号。

(5) 仅用于防火分隔的防火卷帘，火灾报警后，应直接降至地面，并应向火灾报警控制器反馈信号。

5.2　消防电梯

消防电梯是在建筑物发生火灾时供消防人员进行灭火与救援使用且具有一定功能的电梯。因此，消防电梯具有较高的防火要求，其防火设计十分重要。

普通电梯不具备消防安全的条件，火灾时不能作为垂直疏散工具使用，其主要原因如下：电源无保障；火灾发生后，电梯井产生烟囱效应，电梯井成为主要传导火灾烟和热的垂直通道，对人员的危害极大；如果电梯发生机电故障（或停电），疏散人员就会被困在电梯轿厢之内而无法脱险。

5.2.1　消防电梯的设置、防火设计和功能

1. 消防电梯的设置规定

电梯的主要类型有乘客电梯、服务电梯、观光电梯、自动扶梯和消防电梯，消防电梯一般与客梯等工作电梯兼用，对消防电梯的设置的有关规定：

(1) 设置范围。高度超过 24m 的一类建筑、10 层及 10 层以上的塔式住宅建筑、12 层及 12 层以上的单元式住宅和通廊式住宅建筑以及建筑高度超过 32m 的二类高层公共建筑等均应设置消防电梯。

（2）设置数量。GB 50016—2014《建筑设计防火规范》规定：消防电梯应设置在不同的防火分区内，且每个防火分区不应少于 1 台。相邻两个防火分区可共用 1 台消防电梯。

（3）设置位置。消防电梯宜分别设在不同的防火分区内，便于任何一个分区发生火灾都能迅速展开扑救，其平面位置须与外界联系方便，在首层应有直通室外的出口，或由长 30m 以内的安全通道抵达室外。在设计时，最好把消防电梯和疏散楼梯结合布置，使避难逃生的人员向灭火救援者靠拢，形成一个可靠的安全区域，两梯间还要采取分隔措施，以免相互间妨碍形成不利。另外，防火分区内每个房间到达消防电梯的安全距离不宜超过 30m，以保证消防人员抢救时的安全。

2. 消防电梯电气系统的防火设计要求

（1）消防电源。消防电梯应有两路电源。除日常线路所提供的电源外，供给消防电梯的专用应急电源应采用专用供电回路，并设有明显标志，使之不受火灾断电影响，其线路敷设应当符合消防用电设备的配电线路规定。

（2）专用按钮。消防电梯应在首层设有供消防人员专用的操作按钮，这种装置是消防电梯特有的万能按钮，设置在消防电梯门旁的开锁装置内。消防人员一按此钮，消防电梯能迫降至底层或任一指定的楼层，同时，工作电梯停用落到底层，消防电源开始工作，排烟风机开启。

3. 功能转换、应急照明和专用电话

平时，消防电梯可作为工作电梯使用，火灾时转为消防电梯。其控制系统中应设置转换装置，以便火灾时能迅速改变使用条件，适应消防电梯的特殊要求。

消防电梯及其前室内应设置应急照明，以保证消防人员能够正常工作。

消防电梯轿厢内应设有专用电话和操纵按钮，以便消防队员在灭火救援中保持与外界的联系，也可以与消防控制中心直接联络。操纵按钮是消防队员自己操纵电梯的装置。

5.2.2　消防电梯的联动控制

建筑物发生火灾经消防中心确认后，联动控制系统控制建筑内的全部普通电梯停于一层，并将位置及有关的重要信息反馈给消防中心，待梯内人员离开后切断电源。电梯控制有两种方式：一种方式是所有电梯控制的副盘显示设置在消防控制中心，中心内的值班工程师可以随时直接对电梯进行直接操作控制；另一种方式是使用消防控制模块构成电梯控制系统进行控制。

在第二种控制方式中，发生火灾时，消防控制中心的值班人员通过控制装置向电梯机房发出火灾信号并使所有电梯（消防电梯除外）强制性地下行并停靠在一层的指令。在大型建筑中还有一种控制方式：在消防电梯前设置感烟探测器直接联动控制其他普通的客梯、工作电梯。但这种方式如果在感烟探测器发生误报是会产生较严重后果，因此要可能使用消防中心控制方式，经中心值班工程师及监控系统的双重认定，才使联动控制系统动作。

对于消防电梯来讲，在消防控制中心设置控制消防电梯平层一层并可靠停在一层的控制按钮。不仅如此，在一层电梯门厅显著位置处也要设置这种控制消防电梯归底的控制按钮。换言之，发生火灾时，电梯无论在任何方向和位置，必须迫降到 1 层并自动开门以防困人。到达 1 层后，电梯转入消防状态，可由消防救援人员根据情况进行消防运行（关闭梯外按钮信号，对梯内选层信号每次仅响应一次，开关门按钮失效，必须按住楼层信号至门关闭后方可运行）。

一个实现这种功能的消防联动控制的总线制系统如图 5-8 所示。系统中使用了若干个多线制控制模块。

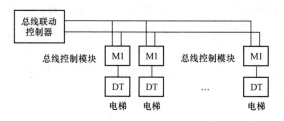

图 5-8　消防电梯总线制控制系统

第6章　消防广播与火灾事故照明

消防广播系统也叫应急广播系统，是火灾逃生疏散和灭火指挥的重要设备，在整个消防控制管理系统中起着很重要作的用。在火灾发生时，应急广播信号通过音源设备发出，经过功率放大后，由广播切换模块切换到指定区域的音箱实现应急广播。一般的广播系统主要由主机端设备（音源设备、广播功率放大器、火灾报警控制器（联动型）等）及现场设备（输出模块、音箱）构成。

消防应急照明和疏散指示系统为人员疏散、消防作业提供照明和疏散指示的系统，由各类消防应急灯具、消防报警系统、智能疏散系统等多种装置组成。

6.1　消防广播系统

6.1.1　消防广播系统的设置要求

按照标准与规范要求，设置消防广播系统的要求主要有：

（1）走道、大厅、餐厅等公共场所，扬声器的设置数量，应能保证从本层任何部位到最近一个扬声器的步行距离不超过 15m。

（2）设置在空调、通风机房、洗衣机房、文娱场所和车库等处。

（3）火灾时应能在消防控制室将火灾疏散层的扬声器和广播音响扩音机，强制转入火灾事故广播状态。

（4）消防控制室应能监控火灾事故广播扩音机的工作状态，并能遥控开启扩音机和用传声器直接播音。

（5）火灾事故广播输出分路，应按疏散顺序控制。

（6）应按疏散楼层或报警区域划分分路配线。各输出分路，应设有输出显示信号和保护控制装置等。

（7）当任一分路有故障时，不应影响其他分路的广播。

（8）火灾事故广播线路，不应和其他线路（包括火警信号、联动控制等线路）同管或同线槽槽孔敷设。

（9）火灾事故广播用扬声器不得加开关，如加开关或设有音量调节器时，则应采用三线式配线强制火灾事故广播开放。

6.1.2　消防广播系统的构成和控制方式

1. 消防广播系统的构成

消防广播系统是火灾逃生疏散和灭火指挥的重要设备，在整个消防控制管理系统中起着极其重要的作用。在火灾发生时，应急广播信号通过音源设备发出，经过功率放大后，由编码输出控制模块切换到广播指定区域的音箱实现应急广播。消防广播系统主要由主机端设备[音源设备、广播功率放大器、火灾报警控制器（联动型）等]及现场设备（输出模块、音箱）构成。

2. 多线制和总线制消防广播系统

火灾事故广播系统按线制可分为总线制火灾事故广播系统和多线制火灾事故广播系统。设备包括音源、前置放大器及扬声器，各设备的工作电源由消防控制系统提供。

（1）总线制火灾事故广播系统。总线制火灾事故广播系统由消防控制中心的广播设备配合使用的总线制火灾报警联动控制器、总线制广播主机、功率放大器、消防广播切换模块及扬声器组成，如图 6-1 所示。系统中的每一个输出模块直接引出一路传输线挂接若干个广播音箱。

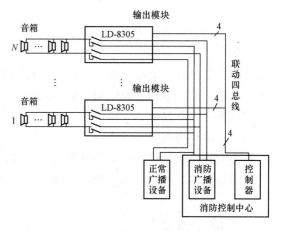

图 6-1 总线制火灾事故广播系统

总线制消防广播系统与多线制消防广播系统不同，多线制消防广播系统有多线制广播分配盘，而总线制系统中没有。这种消防广播系统使用和设计较为灵活，可以很好地与正常 N 广播系统配合协调使用，系统总体成本较低，应用较为广泛。

（2）多线制消防广播系统。对外输出的广播线路按广播分区来设计，每一广播分区有两条独立的广播线路与现场放音设备连接，各广播分区的切换控制由消防控制中心专用的多线制消防广播分配盘来完成。多线制消防广播系统中心的核心设备为多线制广播分配盘，通过该切换盘可完成手动对各广播分区进行正常或消防广播的切换。如果多线制消防广播系统有 K 个广播分区，需敷设 K 路广播线路，多线制广播分配盘引出多路连接音箱广播的传输线，每一路传输线可以并联挂接多个音箱广播装置。

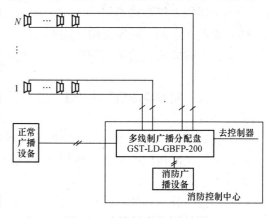

多线制消防广播系统如图 6-2 所示。由于多线制系统使用传输线缆数量大，施工难度增大，工程造价较高，因此实际工程中用的很少了。

图 6-2 多线制消防广播系统

3. 消防广播和正常广播合用系统

当火灾应急广播与建筑物内原有广播音响系统合用扬声器构成的合用系统如图 6-3 所示。发生火灾时，要求能在消防控制室采用两种方式进行两种状态的切换，一种是火灾疏散层的扬声器和广播音响扩音机全部处于火灾事故广播状态，另一种是正常分离使用的状态。

4. 消防广播系统中的部分设备

（1）多线制广播分配盘。某型号广播分配盘如图 6-4 所示。该设备和功率放大器、音箱、输出模块等设备共同组成消防应急广播系统。同时它也通过 RS485 串行总线与消防控制器相连接，一起完成消防联动控制。

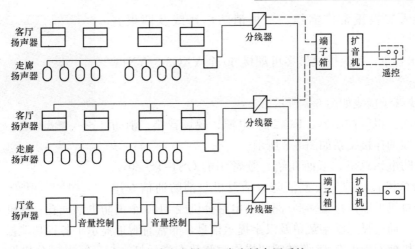

图 6-3　消防广播和正常广播合用系统

　　该广播分配盘采用标准插盘结构安装，后面板部分重要接口及接线情况如图 6-5 所示。

　　（2）LD-8305 编码消防广播模块。海湾 LD-8305 编码消防广播模块（也叫输出模块，简称模块）在消防广播系统中应用较为广泛，其外观如图 6-6 所示。

　　1）主要功能。LD-8305 型输出模块用于总线制消防应急广播系统中正常广播和消防广播间的切换。模块在切换到消防广播后自回答，并将切换信息传回火灾报警控制器，以表明切换成功。

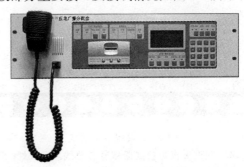

图 6-4　某型号多线制广播分配盘

　　2）工作电压：总线电压 24V；电源电压 DC 24V。

　　3）线制：与火灾报警控制器采用无极性信号二总线连接，与电源线采用无极性二线制

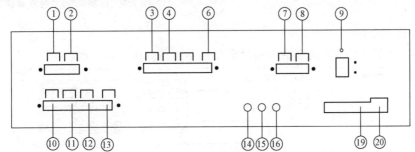

图 6-5　广播分配盘后面板部分重要接口及接线

①—功放过载输入 1：与第 1 路功放的故障输出相连接；②—功放过载输入 2：与第 2 路功放的故障输出相连接；③、④、⑤—RS485 接口，与 RS485 总线通信的消防控制器相连，用于与消防控制器通信的通信；⑥—机壳地，用于与大地相连；⑦—遥控输出，与功率放大器遥控端子相连用于应急广播时强行启动功率放大器；⑧—电源输入，本机 DC24V 电源接入端子；⑨—电源开关，开关机器使用；⑩、⑪、⑫、⑬—功放定压输入 1-4 中第 1、2、3、4 路功率放大器音源接入端子；⑭—音频输出，与功率放大器音频输入口相接，作为功率放大器的音源输入；⑮—补线 1，音频信号输入接口，连接外置音源信号，如 CD、DVD 等；⑯—外线 2，音频信号输入接口，外置正常广播音源输入；⑳—级联输出接口，控制信号（输出线），该控制线与功率放大器级联，用于向功率放大器传递话筒监听静音及自检信号

连接。可接入二根正常广播线、二根消防广播线及两根音箱线。

4）输出容量：每只模块最多可配接 60 个 YXG3-3/YXJ3-4A 型音箱。

5）模块端子接线如图 6-7 所示。

模块与火灾报警控制器、DC 24V 电源、现场音箱、消防和正常广播线的连接关系如图 6-8 所示。

（3）消防电话总机。下面介绍一款常用的 GST-TS-Z01A 型消防电话总机。TS-Z01A 型消防电话总机是消防通信专用

图 6-6　消防广播模块

设备。每台总机可以连接最多 90 路消防电话分机或 2100 个消防电话插孔；总机采用液晶图形汉字显示，通过显示汉字菜单及汉字提示信息，非常直观地显示了各种功能操作及通话呼叫状态；总机前面板上有 15 路的呼叫操作键和状态指示灯，与现场电话分机形成一对一的按键操作和状态指示，使得呼叫通话操作非常直观便捷。使用 DC 24V±10％ 直流电压。

图 6-7　模块端子接线

Z1、Z2—接火灾报警控制器信号二总线，无极性；D1、D2—DC24V 电源输入端子，无极性；ZC1、ZC2—正常广播线输入端子；XF1、XF2—消防广播线输入端子；SP1、SP2—与放音设备连接的输出端子

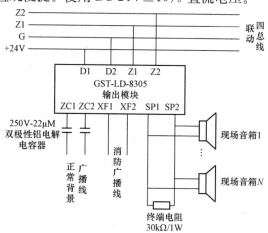

图 6-8　模块的端子与外部接线

1）主要技术指标。

2）GST-TS-Z01A 型消防电话总机外形结构示意图如图 6-9 所示。

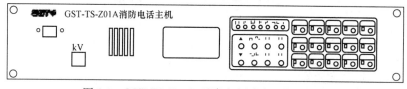

图 6-9　GST-TS-Z01A 型消防电话总机外形结构

3）外接端子与接线。该消防电话总机采用标准插盘结构安装，其后部示意图如图 6-10 所示。

①系统内部接线：机壳地与机架的地端相接；DC24V 电源输入接 DC24V；RS485 接控制器与火灾报警控制器相连接。

②系统外部接线：通话输出，消防电话总线与 GST-LD-8304 接口（GST-LD-8304 型消防电话专用模块）连接布线要求：通话输出端子接线采用截面积大于或等于 1.0mm² 的阻燃

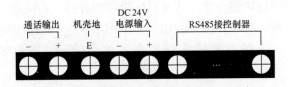

图 6-10 端子与接线

RVVP 屏蔽线，最大传输距离 1500m。特别注意：现场布线时，总线通话线必须单独穿线，不要同控制器总线同管穿线，否则会对通话声产生很大的干扰。

5. 应急广播的操作使用

应急广播的操作使用分为人工播放和自动播放两种方式。其中人工播放方式示意如图 6-11 所示，自动播放方式示意如图 6-12 所示。

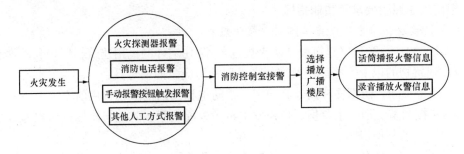

图 6-11 人工播放方式示意图

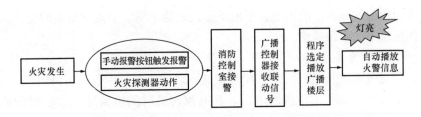

图 6-12 自动播放方式示意图

6. 播报火警的基本方法

发生火灾时，为了便于疏散人员和减少不必要的混乱，火灾应急广播发出警报时不能采用整个建筑物火灾应急广播系统全部启动的方式，而应该仅向着火楼层及相关楼层进行广播。

（1）2 层及 2 层以上楼层发生火灾，可先接通火灾楼层及相邻的上、下 2 层。

（2）首层火灾，可先接通首层、2 层及地下各层。

（3）地下层发生火灾，可先接通地下各层及首层，若首层与 2 层有跳空的共享空间时，也应接通 2 层。

（4）含有多个防火分区的单层建筑，应先接通发生火情的防火区及相邻的防火分区。

7. 对扬声器设置的要求

一般情况下，火灾应急广播系统的线路需要单独敷设，并应有耐热保护措施，当某一路的扬声器或配线出现短路、开路情况，应该是改路广播中断而不影响其他各路广播。

（1）火灾应急广播的扬声器应按照防火分区设置和分路。在民用建筑里，扬声器应设置在走道和大厅等公共场所，每个扬声器的额定功率不小于 3W，期间局应保证从一个防火分区的任何部位到最近一个扬声器的步行距离不大于 25m，走道末端扬声器距墙不大于 12.5m。

（2）在环境噪声大于 60dB 的工业生产场所，设置的扬声器在其播放范围内最远点的声压级应高于背景噪声的 15dB 扬。

（3）客房独立设置的扬声器，功率一般不小于 1W。

（4）火灾应急广播与其他广播（包括背景音乐等）合用时的要求可参阅相关文献。

6.2 火灾事故照明

6.2.1 消防应急照明要求及功能指标

1. 什么区域及部位需要设置消防应急照明灯具

根据 GB 50016—2014《建筑设计防火规范》，除住宅外的民用建筑、厂房和丙类仓库的下列部位，建筑物的以下一些区域及部位需设置消防应急照明灯具：

（1）封闭楼梯间、防烟楼梯间及其前室、消防电梯间的前室或合用前室。

（2）消防控制室、消防水泵房、自备发电机房、配电室、防烟与排烟机房以及发生火灾时仍需正常工作的其他房间。

（3）观众厅，建筑面积超过 400m² 的展览厅、营业厅、多功能厅、餐厅，建筑面积超过 200m² 的演播室。

（4）建筑面积超过 300m² 的地下、半地下建筑或地下室、半地下室中的公共活动房间。

（5）公共建筑中的疏散走道。

2. 应急照明的设置要求

（1）消防应急照明光源选择。应选用能快速点燃的光源，一般采用白炽灯、荧光灯等。

（2）消防应急照明在正常电源断电后，其电源转换时间应满足：① 疏散照明小于或等于 15s；② 备用照明小于或等于 15s（金融商业交易场所小于或等于 1.5s）。

（3）消防应急灯具的应急转换时间应小于或等于 5s；高危险区域使用的消防应急灯具的应急转换时间应小于或等于 0.25s。

（4）疏散照明平时处于点亮状态。

（5）可调光型安全出口标志灯应用于影剧院的观众厅。在正常情况下减光使用，火灾事故时应自动接通至全亮状态。

（6）消防应急照明灯具的照度要求：

1）疏散走道的地面最低水平照度不应低于 0.5lx。

2）人员密集场所内的地面最低水平照度不应低于 1.0lx。

3）楼梯间内的地面最低水平照度不应低于 5.0lx。

4）人防工程中设置在疏散走道、楼梯间、防烟前室、公共活动场所等部位的火灾疏散照明，其最低照度值不应低于 5.0lx。

5）消防控制室、消防水泵房、自备发电机房、配电室、防烟与排烟机房以及发生火灾时仍需正常工作的其他房间的消防应急照明，仍应保证正常照明的照度。

（7）消防应急灯具的应急工作时间应不小于 90min，且不小于灯具本身表称的应急工作时间。

（8）标志灯标志的颜色应为绿色、红色、白色与绿色组合、白色与红色组合四种之一。

（9）火灾应急照明灯在楼梯间，一般设在墙面或休息平台板下；在走道，设在墙面或顶棚下；在厅、堂，设在顶棚或墙面上；在楼梯口、太平门一般设在门口上部。

（10）疏散指示标志灯，一般设在距地面不超过 1m 的墙上。

消防应急标志灯和消防应急照明灯具实物外观如图 6-13 所示。

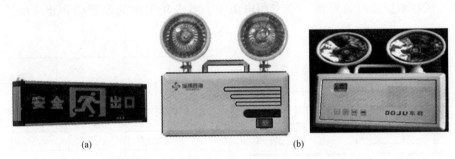

图 6-13 消防应急标志灯和消防应急照明灯具外观
(a) 消防应急标志灯；(b) 消防应急照明灯具

（11）应急照明的设置通常采用两种方式：一种是设独立回路作为应急照明的电源，这个应急照明供电回路平时处于关闭状态，一旦发生火灾，通过末级应急照明切换控制箱接通该供电回路，点亮照明灯具；另一种是利用正常照明的一部分灯具作为应急照明，这部分灯具及连接在正常照明的回路中，同时也连接在专用的应急照明回路中。没有发生火情时，这部分灯具在正常照明回路中正常照明；火灾情况下，正常照明电源被切断，但这部分照明回路又被接入了专用应急照明回路中，因此正常接通作为应急照明。要完成上述的切换需通过末级应急照明切换控制箱来进行。

3. 应急照明的功能指标

（1）应牢固、无遮挡，状态指示灯正常。

（2）切断正常供电电源后，应急工作状态的持续时间不应低于规定时间。

（3）疏散照明的地面照度不应低于 0.5lx，地下工程疏散照明的地面照度不应低于 5.0lx。

（4）配电房、消防控制室、消防水泵房、防烟排烟机房、消防用电的蓄电池室、自备发电机房、电话总机房以及发生火灾时仍需坚持工作的其他房间，其工作面的照度，不应低于正常照明时的照度。

6.2.2 应急照明灯具的接线

消防应急灯具的接线有两线制、三线制和四线制等不同方式。

1. 二线制接线

消防应急灯具的二线制接线如图 6-14 所示，箭头表示接地线。

两线制接法是专用应急灯具常用接法，适用在应急灯平时不作照明使用或 24h 持续照明用（LED 标志灯就属于此种类），待断电后，应急灯自动点亮。

2. 三线制接线

三线制消防应急灯的三线接线图如图 6-15 所示。输入的 AC 220V 市电应为专门敷设的消防设备电源，平时不受普通照明电器开关的控制。

3. 四线制接线

消防应急灯具的四线制接线如

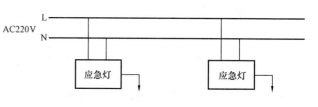

图 6-14　消防应急灯具的二线制接线

图 6-16 所示。应急照明与应急电源连接时，各应急灯具宜设置专用线路，中途不设置开关。二线制和三线制型应急灯具可统一在专用电源上。各专用电源的设置应和相应的防火规范结合。

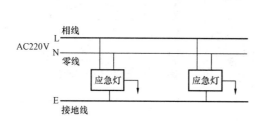

图 6-15　三线制消防应急灯的三线接线

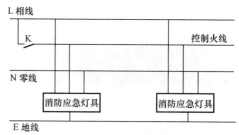

图 6-16　消防应急灯具的四线制接线

6.2.3　应急照明系统设计方法及应急照明系统控制

1. 应急照明系统设计方法

应急照明系统设计方分析的主要思路如图 6-17 所示。

2. 应急照明和非消防电源系统的控制

对于应急照明系统的供电电源来讲，发生火灾并经消防控制室确认后，要切断有关部位的非消防电源，同时接通火灾应急照明回路及疏散指示标志灯。

应急照明系统的供电电源应采用双电源——正常电源和备用电源；必须要在末级应急照明配电箱设置备用电源自投的功能。

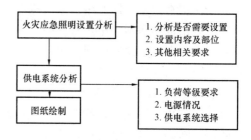

图 6-17　应急照明系统设计方分析的主要思路

应急照明及非消防电源系统的控制如图 6-18 所示。

3. 应急照明供电方式和应急照明的工作方式

（1）应急照明的供电方式：

1）双电源切换供电。灯具内无独立的电池，由自动转换开关切换双电源供电。

2）自带电源供电。电池和检测单元装在灯具内，主电源断电时，检测单元检测到信号，由电池继续供电。

3）集中电源供电。灯具内无独立的电池和检测单元，电池集中设置在某处，主电源断电时，检测单元检测到信号，为区域内灯具供电。

（2）应急照明的工作方式：

1）常亮型。无论正常电源失电与否，均一直点亮，如某些场合下的疏散指示标志。

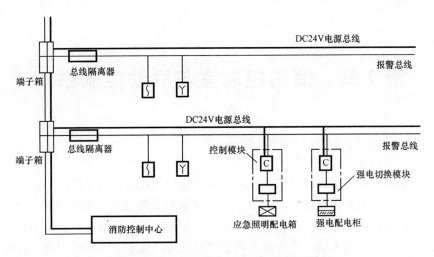

图 6-18 应急照明及非消防电源系统的控制

2) 常暗型。只在消防联动或当正常照明失电时自动点亮，如疏散照明。

3) 持续型。可随正常照明同时开关，并当正常照明失电时仍能点亮，如备用照明。

第7章　消防控制室与联动控制系统

7.1　消防控制室

消防控制室是设有火灾自动报警设备和消防设施控制设备，用于接收、显示、处理火灾报警信号，控制相关消防设施的专门处所，是利用固定消防设施扑救火灾的信息指挥中心，是建筑内消防设施控制中心枢纽。在平时，它全天候地监测各种消防设备的工作状态，保持系统正常运行。一旦出现火情，它将成为紧急信息汇集、显示、处理的中心，及时、准确地反馈火情的发展过程，正确、迅速地控制各种相关设备，达到疏导和保护人员、控制和扑灭火灾的目的。

我国消防法规规定：消防控制室应该独立设置，不应将楼控室（楼宇自控室）、安防室合为一室；消防控制室应按照消防法规进行设计和设备、设施的安装；必须依法进行管理，保证消防控制设备正常运行，确保消防安全。

7.1.1　消防控制室的技术要求

1. 消防控制设备的组成

消防控制室中的消防控制设备应由下列部分或全部控制装置组成：①火灾报警控制器；②自动灭火系统的控制装置；③室内消火栓系统的控制装置；④防烟、排烟系统及空调通风系统的控制装置；⑤常开防火门、防火卷帘的控制装置；⑥电梯回降控制装置；⑦火灾应急广播；⑧火灾警报装置；⑨消防通信设备；⑩火灾应急照明与疏散指示标志。

2. 消防控制设备的控制方式

消防控制设备应根据建筑的形式、工程规模、管理体制及功能要求综合确定其控制方式，并应符合下列规定：

单体建筑宜进行集中监控，就是在消防控制室集中接收、显示报警信号，控制有关消防设备、设施，并接收、显示其反馈信号；大型建筑群宜采用分散与集中相结合的监控方式，可以集中监控的应尽量由消防控制室监控。不宜集中监控的，则采取分散监控方式，但其操作信号应反馈到消防控制室。

3. 消防控制设备的控制电源

规范规定，消防控制设备的控制电源及信号回路电压应采用 DC 24V。

4. 消防控制室的控制功能

GB 50116—2013《火灾自动报警系统设计规范》规定消防控制室的控制设备应符合下列基本要求：

（1）自动控制消防设备的启、停，并显示其工作状态。

（2）手动直接控制消防水泵、防烟排烟风机的启、停。由工作人员直接控制水泵和风机的启、停；为保证启动、停止安全可靠，其控制线路应单独敷设，不宜与报警模块挂在同一个回路上。

（3）可显示火灾报警、故障报警的部位。

（4）应显示被保护建筑的重点部位、疏散通道及消防设备所在位置的平面图或模拟图。

（5）可显示系统供电电源的工作状态。

简言之，消防控制室的主要功能是：接受火灾报警；发出火灾信号和安全疏散指令；控制各种消防联动设备；显示电源运行情况。

5. 设计操作火灾警报装置与火灾应急广播的注意事项

火灾确认后，应及时向着火区发出火灾警报并通过广播指挥人员的疏散。为了避免人为的紧张，造成混乱而影响疏散，第一次警报和广播后，要根据火灾蔓延情况和需要进行疏散。在设计和操作火灾警报装置与火灾应急广播时注意：

（1）火灾警报器的鸣响与火灾应急广播应交替进行。

（2）火灾警报器的鸣响与火灾应急广播应统一在消防控制室由值班主管发出指令。

（3）值班人员应按疏散顺序和规定程序进行操作。

6. 对消防控制室消防通信设备的要求

消防控制室应设置消防通信设备并符合规范要求：

（1）消防控制室与消防泵房、主变配电室、通风排烟机房、电梯机房、区域报警控制器（或楼层显示器）及固定灭火系统操作装置处应设固定对讲电话。

（2）启泵按钮、报警按钮处宜设置可与消防控制室对讲的电话塞孔。

（3）消防控制室内应设置可向当地公安消防部门直接报警的外线电话。

7. 火灾发生后的电源处置

（1）在火灾确认后，切断有关部位的非消防电源，并接通火灾事故应急照明和疏散标志灯。

（2）切断非消防电源的方式和时间很重要，一般切断电源时按着火楼层或防火分区的范围逐个进行，以减少因断电带来的不良后果。

（3）切断方式以人工居多，也可按程序自动切断。

（4）切断时间应考虑安全疏散，同时不能影响扑救，一般在消防队到场后进行。

7.1.2 消防控制室的构成

消防控制室中装备了消防系统中最重要的一些检测设备和控制设备如图 7-1 所示。火灾自动报警控制器、消防联动控制器、消防电话主机、消防应急广播及成套设备、消防 CRT 图形显示装置。消防控制室还应有一部用于火灾报警的外线电话。

1. 火灾报警控制器

火灾报警控制器主要功能如图 7-2 所示。

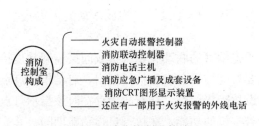

图 7-1　消防控制室构成

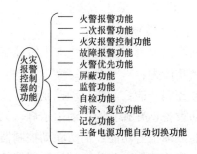

图 7-2　火灾报警控制器主要功能

这里的二次报警功能是指控制器第一次报警时，可手动清除声报警信号，此时如再次有火灾信号输入时，应能重新启动。

自检功能则指控制器应有本机自检功能，执行自检功能时，应切断受其控制的外接设备。自检期间，如非自检回路有火灾报警信号输入，控制器应能发出火灾报警声、光信号。

2. 某型号的壁挂式火灾报警控制器的功能及对外接线说明

某型号的壁挂式火灾报警控制器外观及面板功能区如图7-3所示。

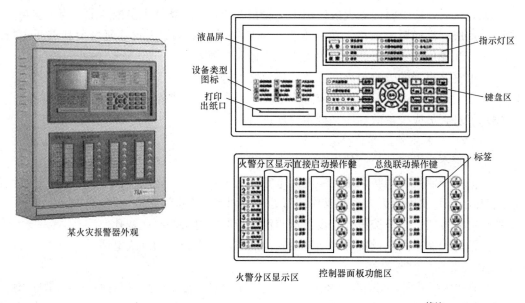

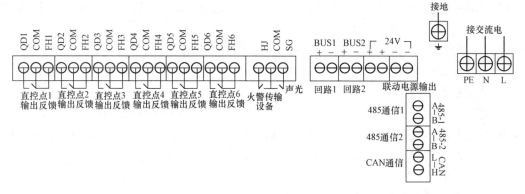

图7-3 火灾报警控制器的外部接线端子

3. 消防联动控制器

消防联动控制器一般与火灾报警控制器采用一体化设计，构成联动型火灾报警控制器。它的主要功能为：

（1）控制功能：消防联动控制器能按预先编写的联动关系直接或间接控制其连接的各类受控消防设备，并独立的启动指示灯；只要有受控设备启动信号发出，启动指示灯点亮。

（2）故障报警功能：消防联动控制器设故障指示灯，在有故障存在时该指示灯点亮。

（3）自检功能：消防联动控制器能检查本机的功能，在执行自检功能期间，其受控设备均不应工作。

（4）手自动转换功能：让联动设备随火灾报警的号码手/自动启动。

这里注意：火灾报警控制器与火灾报警联动控制器：火灾报警控制器主要是报警主机，在探测设备发现火灾的同时进行报警信息的展示。火灾报警联动控制器主要设置了需要联动的设备的开关，如防火风机启停按钮，空调启停按钮，消防泵喷淋泵启停按钮等，还有手动自动转换开关。

现在设计的报警控制器和联动控制柜一般都组合在一起了，一些联动设备，如空调风机、防火阀、消防泵都有通过主机报警后模块自动联动的设置，只有一些特定的设备如消防泵、重要地方的雨淋阀等在需要的情况下还必须设置手动启动装置。

4. 消防控制室图形显示装置

消防控制室图形显示装置主要由图形显示控制器、CRT 图形显示软件、操作系统、报警主机配套接口等软硬件设备组成。

消防控制室图形显示装置是消防控制室用来完成火灾报警、故障信息显示的消防报警设备，可以模拟现场火灾现场火灾探测器、输入输出控制模块等部件的建筑平面布局，如实反应再现火警、故障灯状况具体位置的显示装置。

消防控制室图形显示装置主要功能如下：

（1）接收火灾报警控制器和消防联动控制器发出的火灾报警信号和联动控制信号，并在 3s 内进入火灾报警和联动状态，显示相关信息。

（2）能查询并显示监视区域中监控对象系统内个消防设备的物理位置及其实时状态，并能在发出查询信号后 5s 内显示相应信息。

（3）能显示建筑总平面图、每个保护对象的建筑平面图。

5. 消防电话主机

消防电话系统是一种专用的通信系统，通过个系统可以迅速地实现对火灾的人工确认，并可以及时掌握火灾现场情况及进行其他必要的通信网络，便于指挥灭火及恢复工作。

消防电话系统可以分为总线制和多线制两种实现方式。多线制电话一个组端口接一个多线电话分机，总线制电话一个端口可以接不多于主机所带的总线容量数的总线电话分机；多线电话分机号码与所接端口对应，不用拨地址码，总线电话需拨地址码以确定其分机号，同一个电话主机所接的总线电话分机地址码不能重号。

（1）总线制电话主机应用于总线制消防电话系统中，典型的总线制消防电话系统应由设置在消防控制中心的总线制消防电话主机、开关电源盘、现场电话模块、电话插孔及消防电话分机构成。

（2）多线制电话主机应用于多线制消防电话系统中，典型的多线制消防电话系统应由设置在消防控制中心的多线制电话主机、开关电源盘、现场电话插孔及固定式消防电话分机组成。

一个二总线火警电话主机如图 7-4 所示。

6. 消防应急广播系统

消防应急广播系统属于火灾自动报警控制系统的配套使用设备，使用可以实现通报建筑物内火灾情况，指挥和组织人员疏散的功能，在整个消防管理系统中起着极其重要的作用。

消防广播系统也可以分为总线制和多线制两种实现方式：

（1）总线制广播系统：典型的总线制广播系统是通过联动控制系统的专用消防广播编码输入输出模块来实现广播的切换及播音控制。

典型的总线制消防应急广播系统设备由消防控制中心广播功放、广播录放盘、开关电源盘、配合火灾报警联动控制器、消防广播模块及现场放音设备组成。

（2）多线制广播：典型的多线制消防应急广播系统是通过消防控制中心的专用多线制消防广播分配盘来完成播音切换控制的。

典型的多线制消防应急广播由消防控制中心的广播功率放大器、开关电源盘、广播录放盘、多线分配盘及现场广播音箱组成。

一个消防应急广播系统的主机和主要辅助设备如图 7-5 所示。

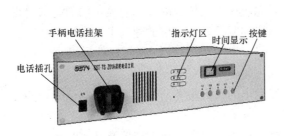

图 7-4　消防控制室里的一个二
总线火警电话主机

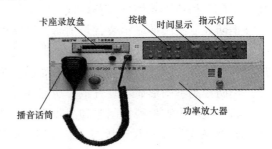

图 7-5　一个消防应急广播系统的主机
和主要辅助设备

7.2　消防控制室的设计要求

消防控制室根据建筑物的实际情况，可独立设置，也可以与消防值班室、保安监控室、综合控制室等合用，并保证专人 24h 值班。

防控制室的部分主要设计要求如下：

（1）消防值班室。仅有火灾探测报警系统且无消防联动控制功能时，可设消防值班室，消防值班室可与经常有人值班的部门合并设置。

（2）消防控制室的设置。设有火灾自动报警系统和自动灭火系统或设有火灾自动报警系统和机械防（排）烟设施的建筑，应设置消防控制室。

（3）具有两个及以上消防控制室的大型建筑群或超高层，应设置消防控制中心。

1）消防控制室应设有用于火灾报警的外线电话。

2）消防控制室应有相应的竣工图纸、各分系统控制逻辑关系说明、设备使用说明书、系统操作规程、应急预案、值班制度、维护保养制度及值班记录等。

（4）消防控制室的控制设备组成、功能、设备布置符合国家标准。有关消防控制室的控制设备组成、功能、设备布置以及火灾探测器、火灾应急广播、消防专用电话等的设计要求应符合 GB 50116—2013《火灾自动报警系统设计规范》中有关规定。

（5）应设置应急照明灯具，并应保证正常照明的照度。

（6）应在其配电线路的最末一级配电箱处设置自动切换装置。

7.3 联动控制系统

7.3.1 消防联动和联动控制

1. 消防联动

什么是消防联动？简单地说，就是在发生火灾时，若干部分设备和系统通过火灾控制器一起协同动作。与消防联动的子系统如图 7-6 所示。

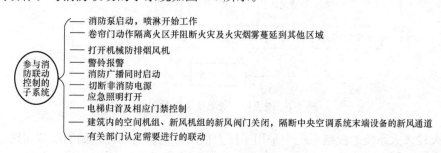

参与消防联动控制的子系统
—— 消防泵启动，喷淋开始工作
—— 卷帘门动作隔离火区并阻断火灾及火灾烟雾蔓延到其他区域
—— 打开机械防排烟风机
—— 警铃报警
—— 消防广播同时启动
—— 切断非消防电源
—— 应急照明打开
—— 电梯归首及相应门禁控制
—— 建筑内的空间机组、新风机组的新风阀门关闭，隔断中央空调系统末端设备的新风通道
—— 有关部门认定需要进行的联动

图 7-6 与消防联动的子系统

消防系统一般由两部分组成：一部分是报警系统（也就是探测火灾，传递信号的系统），另一部分就是联动系统（也就是接收到火灾报警信号后，启动其他消防子系统协同动作运行的系统）。联动控制表现在发生火灾后，不同的消防设施、设备的协同联动。

消防系统中的设施包括：自动灭火系统，包含自动喷水灭火、气体灭火、泡沫灭火等；火灾自动报警系统，使用感烟、感温、感光、红外探测等多种火灾探测传感器；消火栓系统；消防电梯、防烟风机、排烟风机，防火门、防火卷帘；消防应急广播；消防应急照明等。

2. 消防联动控制

消防联动是指将上述各类消防设施的控制开关集中设置在消防控制室内，并配置了相应的操作程序。当火灾探测器发现火警时，消防系统能够自动启动或人工启动相应的消防设施，比如：打开各种消防泵，放下防火卷帘，打开风机，迫降生活电梯和工作电梯，开通消防应急广播进行播音等。

消防联动控制包括：消火栓系统的联动控制；喷淋泵及喷雾泵的监控；正压风机、防排烟风机的监控；防火阀、防排烟阀的状态监视；消防紧急断电系统监控；电梯迫降、防火卷帘门的监控、可燃气体的监控；背景音乐和紧急广播及消防通信设备的监控及消防电源和线路的监控。联动控制通过联动中继器完成。

7.3.2 室内消火栓系统的联动控制

发生火灾时，消火栓按钮经消防控制主机确认后可直接启动相应的消火栓泵，同时向消防控制室发出信号。消防控制中心也可直接手动启停相应的消火栓泵，并显示消火栓泵的工作故障状态，按防火分区显示消火栓按钮的位置，并返回消火栓按钮处的消火栓泵的工作状态。对消火栓按钮的监控，对消火栓泵的手动直接控制，通过设在消防控制中心的联动控制台实施。

消火栓设备的电气控制包括了消防水箱的水位控制、消防用水和加压水泵的启、停。为保证消火栓的喷水枪有足够的水压，需要采用加压设备，使用较多的加压设备就是消防水泵。发生火灾后，楼内灭火的水源来自消火栓系统，该系统在消防泵房内设两台互为备用的消防泵，消防泵采用减压起动方式，可在泵房、中央控制室、各层消火栓按钮三处控制。当火警发生时，击碎防护玻璃推动消火栓按钮，自动起动消防泵，在模拟盘上对应指示灯亮，水枪喷射出加压水柱进行灭火。

1. 室内消火栓灭火系统中消防水泵的电气控制

室内消火栓灭火系统的控制系统是一个闭环系统，如图 7-7 所示。

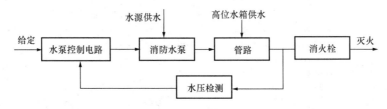

图 7-7 消火栓灭火系统电气控制图

在消火栓灭火系统的控制系统中采用了压力检测回路作为闭环控制的反馈回路，通过监测管路水压控制加压水泵的运转。具体过程是：发生火灾时，控制电路接收到消火栓泵启动指令启动消防水泵拖动电机，向室内管网供给消防用水，压力传感器监测管网水压，作为反馈信号和给定信号比较形成恒定管网水压的闭环控制。

在消火栓的联动控制系统中，消防水泵的启、停有三种控制方式。

（1）使用消火栓箱内的消防按钮直接控制。发生火灾后，击碎消防按钮的玻璃罩，按钮盒中按钮释放机械压力自动弹出，接通消防泵电路，启动消防水泵。

（2）使用水流报警启动器控制消防水泵启动。发生火灾后，高位水箱向管网供水，水流冲击报警启动器，在发出报警信号的同时，向消防水泵控制电路发出启动指令并启动。

（3）消防中心发出主令信号控制方式。现场火灾探测器将检测出的火灾信号送至消防中心的火灾报警控制器，再由火灾报警控制器发出主令主令信号控制消防泵的启、停。

2. 对消火栓灭火控制系统的部分要求

（1）当消防按钮动作后，消防水泵自动启动运行，消防控制室内的信号盘上能够进行声光报警并显示发生火灾的地点和消防泵的运行状态。

（2）联动控制系统中设置管网压力检测装置，防止消防水泵误启动造成管网水压过高造成管网损坏。当管网压力达到一定的限定水压后，压力继电器动作，停运消防泵。

（3）消防控制室中使用总线编码模块控制消防水泵的启、停情况下，还应设置手动直接控制装置。当室内消火栓灭火系统有自己的专用供水水泵和配水管网时，消防泵一般都采用一用一备（一台工作，一台备用）工作方式，在消火栓泵发生故障需要将备用泵强行投入运行的时候，就可以使用手动强投。

（4）泵房应该设有检修用开关和启动、停止按钮。

（5）消防水泵控制电路有全压启动和降压启动两种。降压启动使用了 Y—△启动方式。

3. 消防按钮的连接

以 J-SAP-ZXS 消火栓按钮为例，如图 7-8 所示。

图 7-8 J-SAP-ZXS 消火栓按钮

（1）J-SAP-ZXS 直接启动消防泵的开关触点和启泵指示灯。同时连接工程智能报警器和消防泵控制箱的接线如图7-9所示。

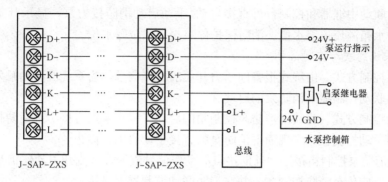

图 7-9　消火栓按钮同时连接工程智能报警器和消防泵控制箱

（2）J-SAP-ZXS 仅用于启动消防泵的接线如图 7-10 所示。

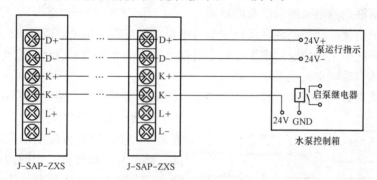

图 7-10　消火栓按钮仅用于启动消防泵的接线

（3）J-SAP-XS 同时连接工程火灾报警控制器和消防泵控制箱的接线如图 7-11 所示。

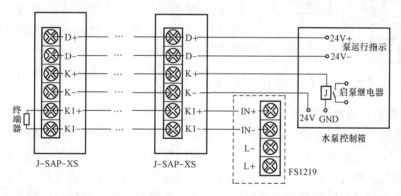

图 7-11　同时连接工程火灾报警控制器和消防泵控制箱

（4）消防按钮的连接方式。消防按钮的内部有一对常开触头和一对常闭触头，宜采用按钮串联连接方式。

7.3.3　自动喷淋系统的联动控制

当任何一个水流指示器或报警阀的接点一经闭合，其信号便自动显示于消防控制屏上，消防中心即可自动或手动启动或停止相应的喷淋泵。消防控制中心也可通过联动控制台直接手动启动或停止相应的喷淋泵，并可显示喷淋泵的工作、故障状态。同时，火灾报警时消防控制中心通过联动中继器和控制台可直接自动/手动启动消防接力泵，显示其工作、故障状态及显示消防水箱溢流报警水位、消防保护停泵报警水位等水位。

1. 湿式系统的联动控制信号

（1）自动控制方式。由湿式报警阀压力开关的动作信号作为系统的联动触发信号，由消防联动控制器联动控制喷淋消防泵的启动。

（2）手动控制方式。将喷淋消防泵控制箱的启动、停止触点直接引至消防控制室内的消防联动控制器手动控制盘，实现喷淋消防泵的直接手动启动、停止。

（3）喷淋消防泵控制箱接触器辅助接点的动作信号或干管水流开关动作信号作为系统的联动反馈信号，应传至消防控制室，并在消防联动控制器上显示。

2. 干式系统的联动控制信号

（1）自动控制方式。应由干式报警阀压力开关的动作信号作为系统的联动触发信号，由消防联动控制器联动控制喷淋消防泵的启动。

（2）系统的直接手动控制和联动反馈信号的设计，应符合相关规范要求。

（3）干式系统的工作情况。准工作状态时配水管道内充满用于启动系统的有压气体的闭式系统，叫干式自动喷水灭火系统。

平时，干式报警阀前与水源相连并充满水，干式报警阀后的管路充以压缩空气，报警阀处于关闭状态。发生火灾时，闭式喷头热敏感元件动作，喷头首先喷出的是空气。由于排气量远大于充气量，管网内的气压逐渐下降，当降到某一气压值时，干式报警阀便自动打开，压力水进入供水管网，将剩余的压缩空气从已打开的喷头处推赶出去，然后再喷水灭火。干式报警阀处的另一路压力水进入信号通道，推动水力警铃和压力开关报警，并启动水泵加压供水。

干式自动喷水灭火系统的工作情况如图7-12所示。

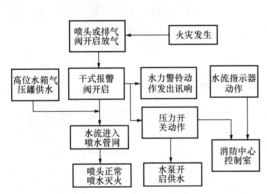

图 7-12 干式自动喷水灭火系统的工作联动关系

7.3.4 防排烟系统的联动控制

防排烟系统受探测感应报警信号控制，当有关部位的探测器发出报警信号后，消防控制屏会按一定程序发生指令，启动正压送风机、报警层及其上下一层的送风阀、排烟机，报警层的排烟阀或与防烟分区相连有关的排烟阀，消防总控室也能手动直接启动正压送风机和排烟机，并利用主接触器的辅助接点返回信号使其工作状况显示于消防控制屏上。

火灾报警时，消防控制中心通过联动控制台可直接手动启动相应加压送风机，可自动/手动开启避难层的加压送风机。加压送风口的设备还具备现场手动开启功能。

不同的建筑物，功能不同，布局各异，对于建筑的防排烟系统设计就要因建筑而异，但总体联动控制是有较为固定规律的，因此联动控制设计既要遵照国家规范及标准，遵照防排烟联动控制系统的一般设计规律，同时考虑具体建筑的不同特点、用途和对联动控制的具体要求来进行，控制逻辑设置合理。在防排烟系统的联动控制中，通知通风机、关闭防火阀、开启排烟阀和启动排烟机的顺序联动关系中，对于控制过程中出现的一些冲突可以按照适当的优先级顺序和设定控制逻辑来处理。

7.3.5　联动控制中的防火阀、防排烟阀监测

当某消防分区探测器发出报警信号后，消防控制屏便按照一定程序发出指令，切断空调机组、新风机组的送风机电源，并在消防控制室显示其关闭状态。火灾报警时，消防控制中心可通过联动中继器自动开启相应的防火分区的280℃防火阀，起动相应排烟风机，当烟气温度达到280℃时，熔断关闭风机入口处280℃防火阀，并关闭相应的排烟风机。当现场开启280℃常闭防火阀及正压送风口时，可直接启动相应的排烟（正压风机）。

火灾报警时，自动停止有关部位的空调送风机，关闭电动防火阀，并接收其返回信号。

对排烟风机、加压风机的手动启停，消防控制中心可以做到利用联动中继器和联动控制台对所有排烟风机、加压送风机实施手动控制启停，并能返回信号。

一个建筑物内的排烟阀联动控制关系如图 7-13 所示。一个防烟楼梯间及前室（包括合用前室）的排烟送风系统的联动控制关系如图 7-14 所示。

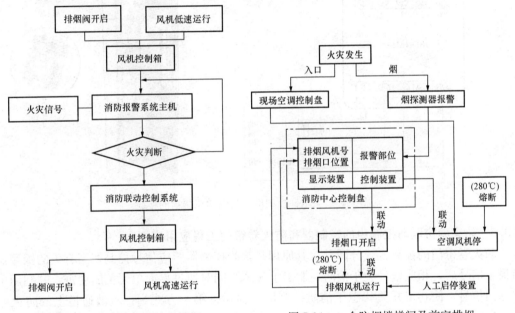

图 7-13　一个建筑物内的防排烟　　　　图 7-14　一个防烟楼梯间及前室排烟
系统中的联动控制关系　　　　　　　送风系统的联动控制

7.3.6　可燃气体探测系统的联动控制

天然气管井和天然气表房按要求需设置可燃气体探测器，当可燃气体探测器报警后，通过特设的可燃气体探测中继器联动，自动关闭相应的可燃气管道切断阀，同时启动相应的排风机，在消防控制中心的报警控制器自动显示可燃气管道切断阀及排风机的工作状态。

7.3.7　电梯回归一层的联动控制

消防控制中心设有所有电梯运行状态模拟及操作盘，通过联动中继器可监控电梯运行状

态并遥控电梯。火灾报警时，消防中心发出控制信号，通过联动中继器强制所有电梯归首并接收其反馈信号。

火灾报警时：消防控制室也可通过联动中继器联动切断相应层的门禁控制主机电源，打开相应层疏散门并接收其反馈信号。

联动控制举例如下：

当发生火灾时，某型号火灾报警控制器具有发出联功控制信号强制所有电梯停于首层或电梯转换层的功能。在实现电梯迫降过程中，该控制模块起到了控制输出以及反馈信号的功能。

该电梯控制模块与电梯控制箱的接线如图 7-15 所示。其中，反馈端应并联一只 $10k\Omega$ 的终端电阻。当电梯归首后，应能够将信号反馈给控制模块。

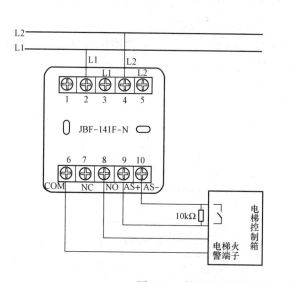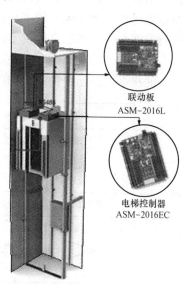

图 7-15　某电梯控制模块与电梯控制箱的接线

7.3.8　防火卷帘联动控制中的控制器和防火卷帘门工程应用实例

防火卷帘门的控制方式分两种，其原理是：受探测器感应信号控制，当有关的探测器发出报警信号后，相应信号会于消防控制屏上显示，同时通过界面单元关闭卷帘，并利用中继器返回信号，使卷帘开关状态于消防控制屏上显示。第一方式为：疏散通道上的防火卷帘门，其两侧设置感烟和感温探测器，采取两次控制下落方式，第一次由感烟探测器控制下落距地 1.8m 处停止；第二次由感温探测器控制下落到底，并分别将报警及动作信号送至消防控制室。同时在消防控制室有远程控制功能。

防火卷帘门的联动控制中区域报警控制器、集中报警控制器、探测器及防火卷帘门反馈信号之间的关系如图 7-16 所示。

用作防火分隔的防火卷帘门，如地下车库卷帘门周围，卷帘门两侧只设置温感探测器，温感探测器动作后，卷帘下落到底。

本工程卷帘门的具体控制方式已在前面优化配置部

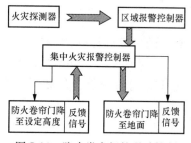

图 7-16　防火卷帘门的联动控制

分加以阐述，还需说明的消防控制室及消防控制中心可显示感烟、感温探测器的报警信号及防火卷帘门的关闭信号。

1. 防火卷帘联动控制中的控制器

以某公司开发生产的 FJK-F/S-F/D 型防火卷帘门控制器为例，侧重介绍防火卷帘门控制器的联动控制功能。

(1) 控制器概述。该控制器及技术严格按照 GA386—2002《防火卷帘控制器》开发，最适合应用于商场、车库、宾馆、工业厂房和医院等建筑。

(2) 部分技术参数。

电源：AC 380V±15%，50Hz±1%。

功耗：静态≤5W，报警≤10W。

蓄电池：12V×2，2.2A·h。

报警音量：85～115dB。

最大控制卷门机功能：≤1.5W。

主供电电源（主电）中限位时间可调范围：0～63s。

备用电源（备电）中限位时间可调范围：0～63s。

门限位反馈输出触点容量：AC 220V/1A，DC 30V/2A。

速放输出功率：≤150W（1min）。

(3) 基本功能。

1) 操作功能：手动操作卷帘门上升、下降、停止。

2) 不间断供电功能：当主供电电源（AC 380V）断电时，能自动转换到备用电源，当主电恢复时，能自动转换到主供电电源，并对备用电源充电，对备用电源有欠电压保护功能。主、备电电源故障显示功能。

3) 三相电源相序错相、缺相、无零线报警指示功能。

4) 速放功能：在三相电源故障时，通过速放装置控制卷帘门依靠自重下放，并能在任意位置停留后下降至中位或底位（视最高级火警信号而定）。

5) 急停逃生功能：在火警时，按任意键卷帘会停留于中位以上或返升到中位，提供人员逃生能道，实现人员疏散。

6) 具有感烟和感温探测器，并接受消防有源或无源联动全降、半降信号，控制卷帘门至中位信留或直降到底。

7) 采用拨码设置中位位置，定位精确，操作简单方便。

8) 限位反馈功能：非火警状态下限位及故障反馈；火警状态增加中限位。

9) 自检功能：能对音响部件及状态指示灯进行功能自检。

(4) 控制器及功能说明。控制器安装在控制箱内，和其他辅助组件一起构成功能完整的控制系统。控制箱内各组件如图 7-17 所示。

控制箱中各组件功能说明如下：

1) 断路器：三相电源总控制开关，能防止三相电源短路及过载。

2) 上升接触器：交流接触器控制三相电要正转运行。

3) 下降接触器：交流接触器控制三相电机反转运行。

4) 变压器：AC380V/AC26V/15W，控制回路电源及电瓶充电电源。

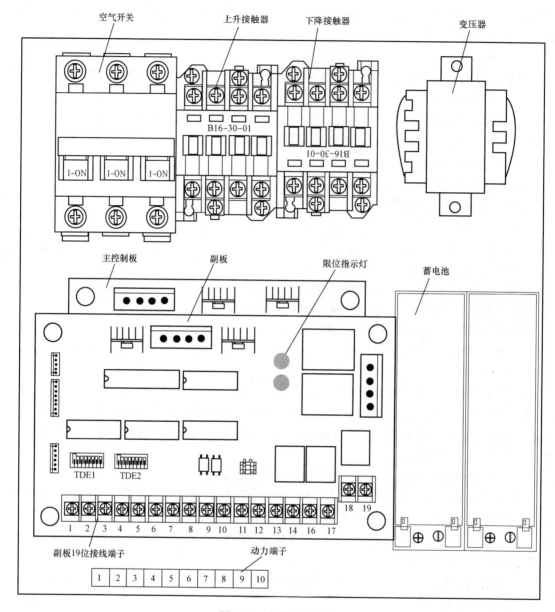

图 7-17　制箱内各组件

5）蓄电池：两节 12V 免维护电瓶，当主电失电时自动切换使用。

6）副板 19 位接线端子：外接控制信号及反馈接线端子。

7）动力端子：动力线接线端子，提供三相电源及其零线的输入、电机及电机刹车接线端子。

8）主控制板：FJK-3 型防火卷帘控制器主控制板，实现功能控制。

9）副板：FJK-3 型防火卷帘控制器副板，控制器电源及刹车逆变回路及其控制部分。

10）限位指示灯，上侧为下限位指示（ON 时亮），下侧为上限位指示（ON 时亮）。

（5）控制器、按钮盒面板各功能区。控制器面板各部位名称、功能如图 7-18 所示，控制器按钮盒面板各部位称及功能如图 7-19 所示。

图 7-18　控制器面板各功能区介绍

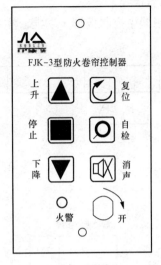

图 7-19　钮盒面板各功能区介绍

控制器、按钮盒面板各按钮、键位和指示灯功能如下：

1）上升按钮：手动操作卷帘门上升，到上限位自行停止或按停止按钮停止。

2）停止按钮：在非火警状态按停止按钮，卷帘门停止运动；在火警状态下按停止按钮执行急停功能。

3）下降按钮：手动操作卷帘门下降，到下限位自行停止或按停止按钮停止。

4）复位键：任意状态下按复位键，则控制器进入"复位"状态（面板指示灯全常亮，无声音指示，动作停止，不接受任何信号），3s 后视接收到的信号进入相应状态；当消防联动信号动作后，需按复位键复位后方可开门，否则默认为火警状态。

5）自检键：非火警状态按自检键，控制器进入"自检"状态，面板指示灯全部亮并发出门动作音，此后恢复至正常状态。

6）消音键：有声音指示时按消音键，控制器进入"消音"状态，30s 内无指示音输出。

7）主电指示灯：闪烁表示主电工作正常。

8）上升指示灯：常亮表示控制器执行上升动作。

9）下降指示灯：常亮表示控制器招待下降动作。

10）备电指示灯：闪烁表示备电工作正常。

11）故障指示灯：常亮表示存在相序、缺相、主电掉电、备电掉电等故障。

12）火警指示灯：常亮表示控制器接收到感烟、感温或全降、半降信号，进入火警状态。

13）讯响器：发生火警时，发出火警变调音；发生备电欠电压时，发出故障变调音；卷帘门正常开、关门时，发出"嘟、嘟"的短音。

14）电子锁：电子锁置于绿色点时表示开，面板上按键有效，电子锁置于红色点处时表示关，面板上按键无效。（注：当发生火警时，即火警灯亮时，无论电子锁是否打开，按键匀有效）

（6）控制器接线。

1）主控制器主控制板端子功能。主控制器主控制板各端子的接线及功能说明如图 7-20所示。

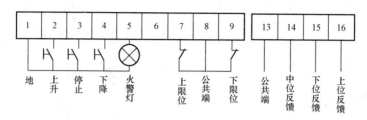

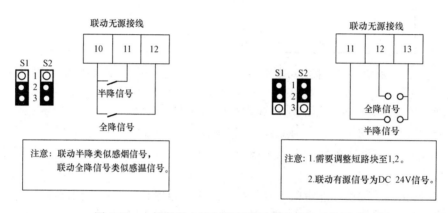

图 7-20　主控制器主控制板各端子的接线及功能说明

2）故障反馈、感烟和感温探测器的接入端子。故障反馈的接线端、感烟探测器和感温探测器的接线端如图 7-21 所示。

3）电源进线及电机接线端子如图 7-22 所示。

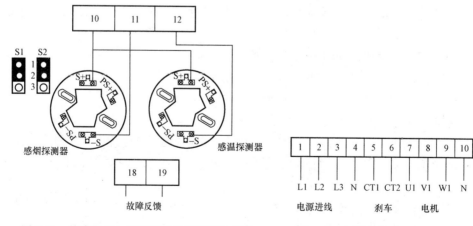

图 7-21　故障反馈、感烟和感温探测器的接线　　图 7-22　电源进线及电机接线端子

2. 卷帘门动作调试

（1）以上主、备电源正常后，用电机手动装置将门下放至中间位置。

（2）按上升按钮，卷帘门向上运动，控制器面板上上升指示灯亮，若动作方向相反，按停止按钮，断开主、备电源后，任意调换电机两根相线，接通电源，按上升按钮，卷帘门执行开门动作，直至上限位动作，卷帘门停止动作。（也可先关门调试，方法同开门操作）

（3）进行关门操作，可停止按钮任意位停止，或者到限位停止。

（4）卷帘门动作时发出动作音、指示信号，刹车动作。

3. 卷帘门操作注意事项

（1）在手动操作卷门开、关门时，检查卷帘门下部或周围有无障碍物存在。

（2）在操作卷帘门时，不允许有人员或车辆从卷帘门下部通过。

（3）在卷帘门未安全开、关门到位前，操作人员不得离开卷帘门开关。

（4）发生故障时，请不要带电维修操作。

7.3.9　背景音乐、紧急广播和切断非消防电源的联动控制

1. 背景音乐及紧急广播的联动控制

当探测器感应器发出报警信号，消防控制屏按照一定程序发出指令，强行将背景音乐转入火灾广播状态，进行紧急广播。其程序是首层发生火灾报警时切换本层、二层及地下隔层；地下发生火灾时，切换地下各层及首层。

火灾应急广播的扩音机需专用，但可以放置在其他广播机房内，在消防控制室内应能对其进行遥控自动开启，并能在消防控制室直接用话筒播音。

2. 切断非消防电源

建筑物发生火灾时，如果供电全部中断，则消防联动控制就没有意义了。因此，要实现消防联动首先要保证可靠的电力供应。消防供电设置有主供电电源和直流备用供电电源，其中主供电电源采用的是消防专用电机消防供电要能满足消防设备的用电负荷，充分发挥消防设备的作用，将火灾损失减小到最低限度。对于电力负荷集中的一、二级消防电力负荷，通常是采用单电源或双电源的双回路供电方式，用两个 10kV 电源进线和两台变压器构成消防主供电电源。

火灾报警时，消防控制中心通过设在现场的联动中继器切断有关部位的非消防电源（按层实施），并接通火灾应急广播及火灾应急照明和疏散指示灯。

切断非消防电源的方式和时间很重要，一般切断电源时按着火楼层或防火分区的范围逐个进行，以减少因断电带来的不良后果；切断方式以人工居多，也可按程序自动切断；切断时间应考虑安全疏散，同时不能影响扑救，一般在消防队到场后进行。

3. 消防联动控制台

消防控制室中的消防联动控制台，对下述子系统联动控制及工作状态显示，联动控制台的制作和所有联动的设备点数按工程实际确定，为非标产品。

（1）消火栓泵、喷淋泵及喷雾泵的远程监控。

（2）正压送风及防排烟风机的监控。

（3）电梯归首。

（4）有关部门认定需要进行的联动。

7.3.10　消防联动系统控制顺序

消防联动系统控制系统的控制顺序中要按照联动规律进行，如：

（1）当火灾探测器报警后，按中央空调系统分区停止与报警区域有关的空调机组、新风

机组、送风机及关闭管道上的防火阀启动与报警区域有关的排烟阀及排烟风机并返回信号。

（2）在火灾确认后，关闭有关部位电动防火门、防火卷帘门，同时按照防火分区和疏散顺序切断非消防用电源、接通火灾事故照明灯及疏散标志灯。

（3）向电梯控制屏发出信号并强使全部电梯（客用、货用、消防）下行并停于底层，除消防电梯处于待命状态外，其余电梯停止使用等。

第8章　消防系统的设计、施工与调试

8.1　消防系统设计

8.1.1　消防系统的设计内容和原则

1. 消防系统的设计内容

消防系统设计的内容包括两大部分：系统设计和平面图设计，其具体内容如图 8-1 所示。

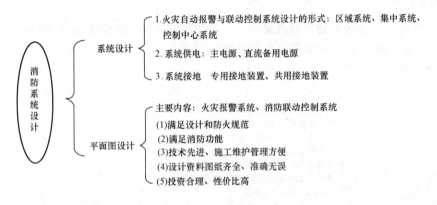

图 8-1　消防系统设计的内容

2. 消防系统的设计原则

消防系统设计的设计原则如图 8-2 所示。

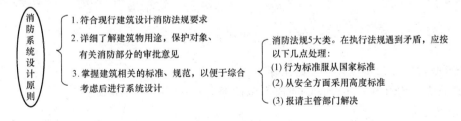

图 8-2　消防系统设计原则

8.1.2　程序设计和设计方法

1. 程序设计

消防系统的程序设计包括两个阶段：第一个阶段是初步设计；第二个阶段是施工图设计。消防系统和程序设计内容如图 8-3 所示。

初步设计的工作中的"确定设计依据"内容有相关的规范，所有土建及其他工程的初步设计图纸，厂家的产品样本等。

方案确定的内容有确定消防系统采用的形式和确定合理的设计方案，设计方案是关键。

施工图设计中的计算内容主要有计算探测器的数量、手报按钮、消防广播、楼层显示器、短路隔离器、中继器、支路数、回路的数量和控制器容量等。

图 8-3　消防系统的程序
设计内容

施工图绘制包括：平面图、系统图、施工详图的绘制和设计说明。平面图中包括探测器、手报按钮、消防广播、消防电话、非消防电源、消火栓按钮、防排烟机、防火阀、水流指示器、压力开关和各种阀等设备，以上诸设备之间的线路走向。

在施工图绘制工作中，绘制的系统图要根据平面图中的设备布置实际情况和厂家产品样本进行绘制；分层清晰，设备符号和平面图中一致，设备数量与平面图中一致。

2. 设计方法

消防系统的设计方法包括设计方案确定、消防控制中心的确定及消防联动设计要求，如图 8-4 所示。要说明的是，应根据建筑物的类别、防火等级、功能要求、消防管理以及相关专业的配合来确定设计方法。

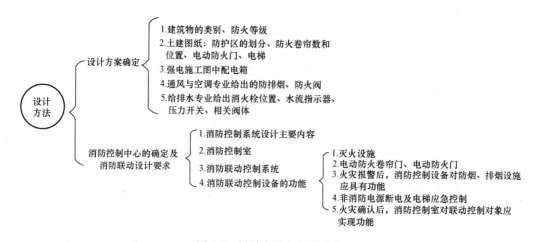

图 8-4　设计方法包括的内容

8.1.3　方案设计和初步设计阶段的工作

在进行方案设计和初步设计的阶段，包括确定设计依据和方案确定。

1. 设计依据

消防系统设计要基于相关的国家标准和规范进行，具体地有：①相关规范；②建筑的规模、功能、防火等级、消防管理的形式；③所有土建及其他工种的初步设计图纸文件；④提供系统及设备的厂家产品样本。

2. 方案确定

通过比较和选择，确定消防系统采用的基本形式，确定合理的设计方案。合理科学的设计方案是实施一项成功的消防系统的关键所在，一项优秀的设计工程图纸绘制的准确、精细，方案的科学与合理，与其他已有消防系统设计情况的比较是合理的，这几项内容缺一不可。

　　火灾报警及联动控制系统的设计方案应根据建筑物的类别、防火等级、功能要求、消防管理以及相关专业的配合才能确定。因此，必须掌握以下资料及信息：

　　(1) 建筑物类别和防火等级。

　　(2) 土建图纸：防火分区的划分，风道（风口）的位置、烟道（烟口）位置，防火卷帘数量及位置等。

　　(3) 给排水专业给出消火栓、水流指示器、压力开关的位置等。

　　(4) 电力、照明专业给出供电及有关配电箱（如事故照明配电箱、空调配电箱、防排烟机配电箱及非消防电源切换箱）的位置。

　　(5) 通风与空调专业给出防排烟机、防火阀的位置等。

　　综上所述，建筑物的消防系统设计是需要各相关专业密切配合的工作，在总的防火规范的指导下，各专业应密切配合，实现一个优质消防系统的设计。

8.2　火灾自动报警系统保护对象的级别和基本形式选择

8.2.1　火灾自动报警系统保护对象的级别

　　火灾自动报警系统保护对象的分级情况要根据不同情况和火灾自动报警系统设计的特点，还要结合被保护对象的实际需要，有针对性地划分。"火灾自动报警系统的保护对象应根据其使用性质、火灾危险性、疏散和扑救难度等分为特级、一级和二级"。

8.2.2　火灾自动报警系统基本形式的选择

　　进行火灾自动报警系统设计时，首先要根据实际工程需求，确定火灾自动报警系统的基本形式。火灾自动报警系统的基本形式有三种，如图 8-5 所示。

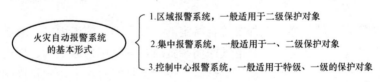

图 8-5　火灾自动报警系统的基本形式

8.3　消防联动控制设计要点

　　1. 消防联动控制对象

　　消防联动控制对象有灭火设施、防排烟设施、防火门、防火卷帘、电梯、非消防电源的断电控制等。

　　2. 消防联动的组成方式

　　(1) 集中控制。

　　(2) 分散与集中控制相结合。

　　3. 消防联动的控制方式

　　(1) 联动控制，采用自动控制。

（2）非联动控制，则采用手动控制方式。

（3）联动与非联动控制相结合的方式，即自动控制与手动控制相结合的方式。

8.4 工程开工及元件的检查测试

消防工程的设计及图样必须经当地公安消防主管部门的审批后才能进行施工安装，进行安装的单位必须取得省级以上的安装许可证。未取得安装许可证的单位首次安装须经当地公安消防部门的核准。

8.4.1 工程开工的条件

消防工程施工前需满足开工条件，开工条件基本内容如下：

1. 总的原则

（1）照明及单相电气设备安装工程的设计和安装应分别由具有相应资质的设计、安装单位进行。

（2）配线工程及照明、单相设备的施工应按已批准的设计进行。当修改设计时，应经原设计单位同意，方可进行。

（3）设备和器材到达施工现场后，应按下列要求进行检查：

1）技术文件应齐全。

2）型号、规格及外观质量应符合设计要求和规范的规定。

2. 配线工程

检查相应的安全技术措施；配线工程施工前的环境条件、配线工程前期必须完成和具备的条件是否满足；配线工程中非带电金属导体部分的接地和接零应可靠；配线工程的施工及验收，应符合国家现行的有关标准规范的规定等。

3. 电气照明装置

电气照明装置施工前，建筑工程要符合特定的一些要求。施工中，还要满足一些施工安全可靠的要求，如在砖石结构中安装电气照明装置时，应采用预埋吊钩、螺栓、螺钉、膨胀螺栓、尼龙塞或塑料塞固定；严禁使用木楔。当设计无规定时，上述固定件的承载能力应与电气照明装置的重量相匹配；电气照明装置的接线应牢固，电气接触应良好；需接地或接零的灯具、开关、插座等非带电金属部分，应有明显标志的专用接地螺钉；电气照明装置的施工及验收，应符合国家现行的有关标准规范的规定。

4. 单相设备

使用单相电源的单相设备安装需满足要求。这里仅列出部分要求：

（1）当交流、直流或不同电压等级的插座安装在同一场所时，要有明显的区别，必须具有不同结构、不同规格和不能互换的插座；配套的插头应按交流、直流或不同电压等级区别使用。

（2）插座接线应符合下列规定：

1）单相两孔插座，面对插座的右孔或上孔与相线连接，左孔或下孔与零线连接；单相三孔插座。面对插座的右孔与相线连接，左孔与零线连接（左零右火）。

2）单相三孔既有接零和接地要求的，三孔的关系是："左零右火上接地"，这里的火线即是相线，"地"指接 PE 保护线；三相四孔及三相五孔插座的接地（PE）或接零（PEN）

线接在上孔。插座的接地端子不与零线端子连接。同一场所的三相插座，各插脚的相序排列应一致。

3）接地（PE）或接零（PEN）线在插座间不许串联连接。

4）相线经开关控制，及火线进开关等。

5. 对土建工程的要求

消防工程施工前对土建工程的完工情况有明确的要求，此处不再赘述。

6. 火灾自动报警系统施工前应具备下列条件

（1）设计单位应向施工、建设、监理单位明确相应技术要求。

（2）系统设备、材料及配件齐全并能保证正常施工。

（3）施工现场及施工中使用的水、电、气应满足正常施工要求。

8.4.2　元件的检查和测试

（1）消防工程中使用的元件及模块外观应完整无损，有产品合格证及公安部颁发的产品制造许可证和安装使用说明书，技术资料完整，数据清晰准确无误，数量规格型号符合设计要求，一般应使用设计指定厂家的产品且由厂家直接进货。

探测器的线制应与控制器的线制吻合对应，一般情况下应使用同一厂家的配套产品。

（2）消防工程开工前对元件的测试要求是：将各类火灾报警探测器与报警控制器按照系统设计的接线原理图接线并接通电源进行实际测试，使用相应的信号或者模拟火灾发生时的温度、烟雾、火焰信号实际观察各类探测器及模块功能是否正常，系统的基本功能是否正常，是否符合单个元件及系统的性能要求，如果有不满足能够正常应用的元器件要进行更换。这种测试方法是最佳的测试方法，尽管看起来有些烦琐，但为后来调试带来了极大的方便。

8.5　消防系统的设计、施工依据标准与规范

消防系统的设计、施工必须依据国家、行业和地方颁布的有关消防法规及上级批准文件的具体要求进行。从事消防系统的设计、施工及维护人员须具备相关的资质。

8.5.1　设计依据

消防系统的设计，在公安消防主管部门的指导下，根据建设单位给出的设计资料以及国家、行业及地方关于消防系统的有关规程、规范和标准进行，设计必须要依据以下有关规范进行：《建筑设计防火规范》（GB 50016—2014）；《火灾自动报警系统设计规范》（GB 50116—2013）；《民用建筑电气设计规范》（JGJ 16—2008）。另外还要注意使用一些专项规范，如：《人民防空工程设计防火规范》（GB 50098—2009）和《洁净厂房设计规范》（GB 50073—2013）等。

8.5.2　施工依据

对于消防系统的施工自始至终严格按照设计图纸施工之外，还应执行下列规则、规范：《火灾自动报警系统施工及验收规范》（GB 50166—2007）；《自动喷水灭火系统施工及验收规范》（GB 50261—2005）；《气体灭火系统施工及验收规范》（GB 50263—2007）；《防火卷帘》（GB 14102—2005）；《防火门》（GB 12955—2008）；《电气装置安装工程接地装置施工及验收规范》（GB 50169—2006）；《建筑电气工程施工质量验收规范》（GB 50303—2015）。

8.6 消防系统的施工

8.6.1 施工单位承担的质量和安全责任及质量管理

1. 施工单位承担三项消防施工的质量和安全责任

(1) 按照国家工程建设消防技术标准和经消防设计审核合格或者备案的消防设计文件组织施工，不得擅自改变消防设计进行施工，降低消防施工质量。

(2) 查验消防产品和有防火性能要求的建筑构件、建筑材料及室内装修装饰材料的质量，使用合格产品，保证消防施工质量。

(3) 建立施工现场消防安全责任制度，确定消防安全负责人。加强对施工人员的消防教育培训，落实动火、用电、易燃可燃材料等消防管理制度和操作规程。保证在建工程竣工验收前消防通道、消防水源、消防设施和器材、消防安全标志等完好有效。

2. 质量管理

火灾自动报警系统的施工必须由具有相应资质等级的施工单位承担。

火灾自动报警系统的施工应按设计要求编写施工方案。施工现场应具有必要的施工技术标准、健全的施工质量管理体系和工程质量检验制度，并应填写有关记录。

3. 系统施工

火灾自动报警系统施工前，应具备系统图、设备布置平面图、接线图、安装图以及消防设备联动逻辑说明等必要的技术文件。

火灾自动报警系统施工过程中，施工单位应做好施工（包括隐蔽工程验收）、检验（包括绝缘电阻、接地电阻）、调试、设计变更等相关记录。

火灾自动报警系统施工过程结束后，施工方应对系统的安装质量进行全数检查。火灾自动报警系统竣工时，施工单位应完成竣工图及竣工报告。

8.6.2 控制器及辅助设备的安装

1. 火灾报警控制器的安装

火灾报警控制器在墙上安装时，其底边距地（楼）面高度宜为 1.3～1.5m，其靠近门轴的侧面距墙不应小于 0.5m，正面操作距离不应小于 1.2m；落地安装时，其底边宜高出地（楼）面 0.1～0.2m。

控制器应安装牢固，不应倾斜；安装在轻质墙上时，应采取加固措施。

柜内布线：配线清晰、整齐、美观、编号规矩、字迹清晰不退色，避免交叉，绑扎成束，对端子板不应有应力；每个接线端子接线不超过 2 根，接线余量不小于 200mm，进线管要封堵。

2. 对引入控制器的电缆或导线的要求

引入控制器的电缆或导线，应符合下列要求：

(1) 配线应整齐，不宜交叉，并应固定牢靠。

(2) 电缆芯线和所配导线的端部，均应标明编号，并与图纸一致，字迹应清晰且不易褪色。

(3) 端子板的每个接线端，接线不得超过 2 根。

(4) 电缆芯和导线，应留有不小于 200mm 的余量。

（5）导线应绑扎成束。

（6）导线穿管、线槽后，应将管口、槽口封堵。

控制器的主电源应有明显的永久性标志，并应直接与消防电源连接，严禁使用电源插头。控制器与其外接备用电源之间应直接连接。

控制器的接地应牢固，并有明显的永久性标志。

8.6.3　消防电气控制装置、模块安装及系统接地

1. 消防电气控制装置安装

（1）消防电气控制装置在安装前，应进行功能检查，不合格者严禁安装。

（2）消防电气控制装置外接导线的端部，应有明显的永久性标志。

（3）消防电气控制装置箱体内不同电压等级、不同电流类别的端子应分开布置，并应有明显的永久性标志。

（4）消防电气控制装置应安装牢固，不应倾斜；安装在轻质墙上时，应采取加固措施。消防电气控制装置在消防控制室内安装时，还应符合相关要求。

2. 模块安装

（1）同一报警区域内的模块宜集中安装在金属箱内。

（2）模块（或金属箱）应独立支撑或固定，安装牢固，并应采取防潮、防腐蚀等措施。

（3）模块的连接导线应留有不小于 150mm 的余量，其端部应有明显标志。

（4）隐蔽安装时在安装处应有明显的部位显示和检修孔。

3. 系统接地

（1）交流供电和 36V 以上直流供电的消防用电设备的金属外壳应有接地保护，接地线应与电气保护接地干线（PE 保护线）相连接。

（2）接地装置施工完毕后，应按规定测量接地电阻，并做记录。

8.7　系统调试和验收

8.7.1　系统调试

关于消防系统调试的一般规定有：

（1）火灾自动报警系统的调试，应在系统施工结束后进行。

（2）调试负责人必须由专业技术人员担任。

对于错线、开路、虚焊、短路、绝缘电阻小于 20MΩ 等应采取相应的处理措施。对系统中的火灾报警控制器、可燃气体报警控制器、消防联动控制器、气体灭火控制器、消防电气控制装置、消防设备应急电源、消防应急广播设备、消防电话、传输设备、消防控制中心图形显示装置、消防电动装置、防火卷帘控制器、区域显示器（火灾显示盘）、消防应急灯具控制装置、火灾警报装置等设备分别进行单机通电检查。

8.7.2　火灾报警控制器调试

火灾报警控制器调试主要内容如下：

（1）检查自检功能和操作级别。

（2）使控制器与探测器之间的连线断路和短路，控制器应在 100s 内发出故障信号（短路时发出火灾报警信号除外）；在故障状态下，使任一非故障部位的探测器发出火灾报警信

号，控制器应在 1min 内发出火灾报警信号，并应记录火灾报警时间；再使其他探测器发出火灾报警信号，检查控制器的再次报警功能。

（3）检查消音和复位功能。

（4）使控制器与备用电源之间的连线断路和短路，控制器应在 100s 内发出故障信号。

（5）检查屏蔽功能。

（6）使总线隔离器保护范围内的任一点短路，检查总线隔离器的隔离保护功能。

（7）使任一总线回路上不少于 10 只的火灾探测器同时处于火灾报警状态，检查控制器的负载功能。

（8）检查主、备电源的自动转换功能，并在备电工作状态下重复第 7 款检查。

（9）检查控制器特有的其他功能。

8.7.3 火灾探测器调试

1. 点型感烟、感温火灾探测器和线型感温火灾探测器调试

采用专用的检测仪器或模拟火灾的方法，逐个检查每只火灾探测器的报警功能，探测器应能发出火灾报警信号，探测器上的火警确认灯点亮；报警控制器上显示火警信号，显示报警位置和回路号、地址编码号。

2. 红外光束感烟火灾探测器调试

（1）调整探测器的光路调节装置，使探测器处于正常监视状态。

（2）用减光率为 0.9dB 的减光片遮挡光路，探测器不应发出火灾报警信号。

（3）用产品生产企业设定减光率（1.0～10.0dB）的减光片遮挡光路，探测器应发出火灾报警信号。

（4）用减光率为 11.5dB 的减光片遮挡光路，探测器应发出故障信号或火灾报警信号。

3. 点型火焰探测器和 图像型火灾探测器调试

采用专用检测仪器和模拟火灾的方法在探测器监视区域内最不利处检查探测器的报警功能，探测器应能正确响应。

4. 手动火灾报警按钮调试

手动火灾报警按钮，施加适当的推力使报警按钮动作，报警按钮上火警确认灯点亮；报警控制器上应能显示火警信号，显示报警位置和回路号、地址编码号。

5. 可燃气体探测器调试

（1）依次逐个将可燃气体探测器按产品生产企业提供的调试方法使其正常动作，探测器应发出报警信号。

（2）对探测器施加达到响应浓度值的可燃气体标准样气，探测器应在 30s 内响应。撤去可燃气体，探测器应在 60s 内恢复到正常监视状态。

（3）对于线型可燃气体探测器除符合本节规定外，尚应将发射器发出的光全部遮挡，探测器相应的控制装置应在 100s 内发出故障信号。

8.7.4 消防应急广播设备调试

（1）以手动方式在消防控制室对所有广播分区进行选区广播，对所有共用扬声器进行强行切换；应急广播应以最大功率输出。

（2）对扩音机和备用扩音机进行全负荷试验，应急广播的语音应清晰。

（3）对接入联动系统的消防应急广播设备系统，使其处于自动工作状态，然后按设计的

逻辑关系，检查应急广播的工作情况，系统应按设计的逻辑广播。

（4）使任意一个扬声器断路，其他扬声器的工作状态不应受影响。

8.7.5　防火卷帘控制器调试

（1）防火卷帘控制器应与消防联动控制器、火灾探测器、卷门机连接并通电，防火卷帘控制器应处于正常监视状态。

（2）手动操作防火卷帘控制器的按钮，防火卷帘控制器应能向消防联动控制器发出防火卷帘启、闭和停止的反馈信号。

（3）用于疏散通道的防火卷帘控制器应具有两步关闭的功能，并应向消防联动控制器发出反馈信号。防火卷帘控制器接收到首次火灾报警信号后，应能控制防火卷帘自动关闭到中位处停止；接收到二次报警信号后，应能控制防火卷帘继续关闭至全闭状态。

（4）用于分隔防火分区的防火卷帘控制器在接收到防火分区内任一火灾报警信号后，应能控制防火卷帘到全关闭状态，并应向消防联动控制器发出反馈信号。

8.7.6　与空调系统和防排烟系统的配合

当火灾确认后，自动控制系统应能通过模块关闭发生火灾的楼宇内的空调机、新风机、送风机，并关闭本层电控防火阀，在未设火灾自动报警系统的工程中，防火阀 70℃ 温控关闭时，可直接联动关闭楼宇内的空调机或新风机、送风机。

规范指出：火灾报警后，消防控制设备应能停止有关部位的空调送风，关闭电动防火阀，并接收其反馈信号；启动有关部位的防烟和排烟风机、排烟阀等，并接收其反馈信号。

规范还指出：当防烟和排烟的控制设备采用总线编码模块控制时，还应在消防控制室设置手动直接控制装置，因此，应采用多线制联动防排烟风机。以便在联动控制屏能自动和手动控制防排烟风机的启、停，并显示其工作状态。

8.7.7　消防系统调试中的逻辑关系和系统调试

1. 消防系统调试中的逻辑关系

消防系统调试中的逻辑关系也是系统实际运行中的控制逻辑，见表 8-1。

表 8-1　　　　　　　　　　　　　消防控制逻辑关系表

控制系统	报警设备种类	受控设备及设备动作后果	位置及说明
水消防系统	消火栓按钮	启动消火栓泵	泵房
	报警阀压力开关	启动喷淋泵	泵房
	水流指示器	报警、确定起火层	水支管
	检修信号阀	报警、提请注意	水支管
	消防水池水位或水管压力	启动、停止稳压泵	
预作用系统	该区探测器或手动按钮	启动预作用报警阀充水	该区域（闭式喷头）
	压力开关	启动喷淋泵	泵房
水喷雾系统	感温、感烟同时报警或紧急按钮	启动玉林泵、启动喷淋泵（自动延时 30s）	该区域（开式喷头）
空调系统	感烟探测器或手动按钮	关闭有关系统的空调机、新风机和送风机	
	防火阀 70℃ 温控开关	关闭本层电控防火阀	

控制系统	报警设备种类	受控设备及设备动作后果	位置及说明
防排烟系统	感烟探测器或手动按钮防火阀	打开有关排烟机与正压送风机	地下室、层面
		打开有关排烟口（阀）	
		打开有关正压送风口	火灾层及上、下层
		两用双速送风机转入高速排烟状态	
		两用风管中，关闭正常排风口，开启排烟口	
	280℃温控关闭	关闭有关排烟风机	地下室、屋面
	可燃气体报警	打开有关房间排风机，关闭有关煤气管道阀门	厨房、煤气表房
防火卷帘防火门	防火卷帘门旁的感烟探测器	该卷帘门或改组卷帘门下降高度一半	
	防火卷帘门旁的感温探测器	该卷帘门或改组卷帘门归底	
	电控常开防火门旁感烟或感温探测器	释放电磁铁，关闭该防火门	
	电控挡烟阀垂壁旁感烟或感温探测器	释放电磁铁，该挡烟垂壁或改组挡烟垂壁下垂	
手动为主的系统	手动或自动，手动为主	切断火灾层消防非消防电源	火灾层及上下层
	手动或自动，手动为主	启动火灾层警铃获声光报警装置	火灾层及上下层
	手动或自动，手动为主	使电梯归首，消防电梯投入消防使用	
	手动	对有关区域进行紧急广播	火灾层及上下层
消防电话		随时报警、联络、指挥灭火	

2. 系统调试

系统调试时，接通所有启动后可以恢复的受控现场设备。

（1）使消防联动控制器的工作状态处于自动状态，按设计的联动逻辑关系，使相应的火灾探测器发出火灾报警信号，检查消防联动控制器接收火灾报警信号情况、发出联动信号情况、模块动作情况、受控设备的动作情况、受控现场设备动作情况、接收反馈信号及各种显示情况。

（2）使消防联动控制器的工作状态处于手动状态，依次手动启动相应的受控设备，检查消防联动控制器发出联动信号情况、模块动作情况、受控设备的动作情况、受控现场设备动作情况、接收反馈信号及各种显示情况。

8.7.8 系统验收

消防工程竣工后，建设单位应负责向消防监督部门申请验收并组织施工、设计、监理等单位配合。验收不合格不能投入使用。工程验收时应按规范要求填写相应的记录。

以火灾自动报警系统为例，验收时要对系统中下列装置的安装位置、施工质量和功能等进行验收。

（1）火灾报警系统装置（包括各种火灾探测器、手动火灾报警按钮、火灾报警控制器和区域显示器等）。

（2）消防联动控制系统（含消防联动控制器、气体灭火控制器、消防电气控制装置、消防设备应急电源、消防应急广播设备、消防电话、传输设备、消防控制中心图形显示装置、模块、消防电动装置、消火栓按钮等设备）。

（3）自动灭火系统控制装置（包括自动喷水、气体、干粉、泡沫等固定灭火系统的控制装置）。

（4）消火栓系统的控制装置。

（5）通风空调、防烟排烟及电动防火阀等控制装置。

（6）电动防火门控制装置、防火卷帘控制器。

（7）消防电梯和非消防电梯的回降控制装置。

（8）火灾警报装置。

（9）火灾应急照明和疏散指示控制装置。

（10）切断非消防电源的控制装置。

（11）电动阀控制装置。

（12）消防联网通信。

（13）系统内的其他消防控制装置。

第9章　消防工程案例分析

9.1　某政府机关办公大楼火灾报警控制系统技术方案

9.1.1　火灾报警控制系统技术方案的内容

1. 方案设计依据

2. 火灾报警控制系统设计概述

2.1　设计概述

2.2　火灾报警系统配置

2.2.1　主控屏

2.2.2　探测器

2.2.3　手动报警按钮与警铃

2.2.4　控制及反馈信号

2.2.5　消防控制中心

3. 某自动报警系统产品性能

3.1　系统硬件设备

3.1.1　某智能火灾报警控制屏

3.1.2　×××烟温复合探测器

3.1.3　×××光电烟感探测器

3.1.4　×××差定温温感探测器

3.1.5　模拟显示屏

3.1.6　某型号无源信号界面

3.1.7　×××单区传统界面

3.1.8　某型号有源信号界面

3.1.9　×××手动报警按钮

3.1.10　某型号网络终端

3.1.11　其他

3.1.12　消防联动控制台

3.1.13　计算机彩色图文显示系统（CRT）

3.2　系统软件配置

3.2.1　系统主控屏编程软件的主要功能及特点

3.2.2　图文显示系统及应用软件

4. 消防联动控制系统及联动控制框图

4.1　火灾事故广播系统

4.2　消防专用电话系统

4.3 消火栓泵控制系统

4.4 喷淋泵控制系统

4.5 排烟/正压送阀与排烟/正压送风机控制系统

4.6 电梯控制系统

4.7 防火卷帘门控制系统

4.8 非消防电源控制系统

4.9 保护区气体灭火系统

5. 报警系统设备分层表

6. 某政府机关办公楼—火灾报警控制系统设备报价清单

7. 政府机关办公楼—火灾报警控制系统框图。

9.1.2 方案设计依据

方案设计依据包括的内容有：

1.1 总则

1.1.1 技术方案的文件是按甲方招标图纸文件编制的。

1.1.2 按文件图纸规定的设计要求，技术方案的制定方对消防报警系统的设计、设备和组件的质量、供货及提供必要的备件和文件资料负责，还负责系统的安装指导、调试、试运行及验收工作，并提供保证期内的售后服务。

1.1.3 所提供的设备均符合 GB 4715—2005 年、GB 4716—2005 年、GB 4717—2005 年国家标准及有关条例的规定，所进行的系统设计符合文件的技术要求，并满足国家有关规范及要求。

1.2 遵循下列国家和行业标准及设计院提出要求设计

1.2.1 《民用建筑电气设计规范》(JGJ 16—2008)

       ⋮

1.3 ×某型号智能型火灾报警控制系统特点及技术要求

9.1.3 火灾报警控制系统设计概述

1. 设计概述

该工程火灾报警控制系统设计为中央集中管理型式，整个系统采用先进的品牌系统。主控屏反应速度快，误报率低的特点。系统维护容易，操作简单，配置灵活，便于扩展。系统主控屏不断对运行情况如控制屏运行情况，探测器状态，种类及周围环境风速高低，污染程度，线路有无短路或开路等不断进行监察报告显示。并以文字形式显示出火警和故障出现的时间，地点及火情的严重程度，并在中心图文系统中以中文形式显示并记录保存。

主报警回路采用两总线环形连接，信息双向传输。主控屏有 4，8 回路容量可选，每回路线路最长可达 1500m。每回路可有 256 个地址点，可接近 200 探测器，各部件内置短路隔离器，确保在开路或短路异常情况下系统正常工作。

系统主控制屏及联网终端，中央联动控制台集中防置于消防中心。可集中显示，集中控制，集中管理，可集中设定系统参数，编程及打印。系统设备设有操作，查询，调试及编程多级管理密码。

系统具有很好的软件编程功能，可按照国家规范及设计要求编写各种联动设备的控制程序。主控屏将探测器报警、手动报警器、水流指示器、压力开关等报警信息进行分析处理，可根据大、中、小火依程序自动控制现场的各种联动设备，如排烟及正压阀及风机、喷洒泵、消火栓泵、水喷雾泵、卷帘门、非消防动力照明及空调等设备。并可检察接受其控制反馈信息。

消防中心设有中央控制台，其上设置了重要消防联动设备的自动与直接手动控制装置和直接控制反馈状态指示装置。可以充分满足规范和标书要求。

系统操作界面直观易于掌握，菜单提示清晰便于检索。图文报警系统界面友好直观，有任一个火警事件发生时，系统自动调出火警平面图形，准确指出火警地点位置性质内容及提示实施信息。

2. 总体设计思想

（1）在满足消防规范的前提下，紧密结合工程应用的实际情况，进行最合理的系统构成和设备配置，以达到方案最优。

（2）所提供的系统设计和设备配置具有性价比最优或较高的特点，既能满足有关规范和建筑功能的要求，又能节省投资；既能保证不改变现场的所有管路配置，又能达到优化组合，力求得到理想的、符合工程实际状况的最佳方案。同时保证系统安全可靠，一次性验收合格。

3. 火灾报警系统设备配置

（1）主控制屏。消防控制中心设置主控制屏，主控制屏为智能类比型报警控制器，内置中央处理器，类比探测软件与联动控制软件系统。

控制屏不断地对自己运行情况进行监察，包括探测器运作情况、状态、种类及其在四周的环境状况。如系统出现故障，主控制屏立即会指出故障地址和原因。所有控制和反馈信息都能在显示屏上显示，同时在有信息出现时，故障或报警蜂鸣器动作。

（2）探测器。依据消防规范在一般办公用房，配电间、库房、电梯前室、楼梯前室、重要的设备机房、防火卷帘门附近等部位设置烟温复合探测器；在防火卷帘门附近、锅炉房等位置设置温感探测器；在长走廊、大开间办公区、大面积设备机房等部位设置烟感探测器；在车库、厨房等部位设置温感探测器。

智能探测器接入两总线环形回路，软地址编码，有短路隔离器对短路及开路有保护能力。探测器内设微处理器，用类比探测方法作进行分析，可程序调整灵敏度，并对环境进行模拟补偿。

（3）手动报警按钮与警铃。手动报警按钮设置在明显和便于操作的地方，在一个防火分区内任何位置到手动报警器的距离不大于25m。火警时，由人工打碎报警器按钮玻璃片，使电气常开触点闭合，控制屏便可报出该报警器的准确地址。任一防火分区有探测器报警时，经控制屏确认后，系统自动控制防火分区的警铃讯响或做出相应的联动控制。

（4）控制及反馈信号。该系统按规范及标书要求的逻辑关系，按预定的程序完成对电梯、空调、排烟/正压送风系统、卷帘门、消火栓泵、喷淋泵、动力/照明配电箱等的控制并接收以上设备的动作反馈信号。同时界面接收传统探测器、手动报警按钮的火警信号以及防火阀、水流指示器、压力开关、气体灭火系统的输入信号。

（5）消防控制中心。消防控制中心设在本建筑首层。内设：

1）集中火灾报警控制屏。

2）中央消防联动控制台。

3）微机彩色图文显示系统。

4）不间断电源。

9.1.4　消防联动控制台

联动控制台具有自动和手动两种控制功能，可控制以下设备并显示他们的运行状态：

（1）消防泵的手/自动、启/停控制、运行和故障状态显示。

（2）喷淋泵的手/自动、启/停控制、运行和故障状态显示。

（3）排烟风机、正压送风机的手/自动、启/停控制、运行状态显示。

（4）排烟阀、送风阀的控制和信号反馈显示。

（5）防火卷帘门的控制和信号反馈显示。

（6）电梯和消防电梯的控制和信号反馈显示。

（7）事故照明、疏散指示灯的控制和信号反馈显示。

（8）非消防电源及空调电源切断的控制和信号反馈显示。

（9）火灾事故广播控制。

（10）消防对讲电话系统。

9.1.5　其他子系统

1. 火灾事故广播

在消控中心设紧急广播设备。广播线路按防火分区来划分，当防火分区探测器发生报警信号经人工确认后，由人工控制进行紧急播放或由报警系统按程序发出指令，通过输入/输出模块的输出口强制切断背景音乐，投入火警防火分区及相邻防火分区的事故广播，进行紧急播放。

2. 消防专用电话系统

在消控中心应设置一套消防电话系统，除手动报警器旁设有电话插孔外，其他的重要机房（消防泵房、变配电室、电梯机房、防排烟机房、大楼保卫值班室）应设有消防固定电话及挂机，以便在火灾发生时直接与消控中心联系。当移动电话插入电话插孔或消防固定电话使用时，消控中心的消防电话主机有声光报警信号，并显示出建筑电话插孔或固定电话部位，按下相应按键后实现消防通信。

3. 消火栓控制系统

当火灾发生时，人工击破消火栓按钮，信号经类比探测器底座输入到主控屏并显示，主控屏经确认后依程序，经输出口控制消火栓泵启动。泵的运转信号显示在控制台上。消火栓泵也可在中央控制台上直接手动控制。消火栓按钮还应设计直接至泵房的启泵及显示线路。

4. 喷淋泵控制系统

喷淋系统中每一楼层的水流指示器，湿式报警阀接入临近的类比探测器底座。当有火灾发生时，喷洒头的玻璃球受热而破碎，水即喷洒而出，由于水流的作用，水流指示器动作，且水路管网压力下降，使湿式报警阀动作，信息通过底座返回主控制屏，主控制屏按照预先编制的程序由输出控制信号，启动喷淋泵。泵的运转信号显示在控制台上。

手动状态：中央消防联动控制台上可直接手动启/停喷淋泵。泵的运转/故障信号在联动控制台上显示。

5. 排烟/正压送风阀与排烟/正压送风机控制系统

自动状态：任一防火分区的感应器报警时，经主控屏确认后系统主控屏根据预先编写程序，通过界面单元自动输出控制信号开启该防火分区的排烟阀和正压送风阀，阀的开启信号通过界面或底座接收并送回主控制屏显示，同时启动相对应的排烟/正压送风机。风机的运行信号在联动控制台上显示。

电梯厅与楼梯间合用前室的正压送风阀，在火灾时由报警主机联动控制打开相关 3 层的阀门，并开启相对应的正压送风机。阀门的动作信号通过界面或底座送回主机。

设于排烟风机入口前的 280℃ 易熔防火阀为常开式。要求该防火阀带双微动开关。当易熔片熔断后，1 个开关信号接入报警系统，另 1 个开关信号接入风机控制回路，可依设计由强电系统连锁停止排烟风机。

手动状态：在消防中心联动控制台上可直接手动启/停风机，风机运行信号在联动控制台上显示。

6. 电梯控制系统

当任一防火分区的电梯厅烟感探测器报警时，并经系统确认为火灾后，应由人工或由报警系统自动控制单元输出信号至电梯控制箱，使电梯迫降至安全楼层。亦可由通过电梯供货商提供的电梯监控屏控制使电梯迫降至首层。

7. 防火卷帘门控制系统

在卷帘门的两侧设智能烟感及智能温感探测器，当智能烟感探测器报警信息送到主控屏，主控屏确认有烟报警时，根据内置程序通过系统模块发出控制信号到卷帘门控制箱，控制防火卷帘门下降至距地 1.8m 处，当主控屏确认有温感探测器报警时，通过模块发出控制信号到卷帘门控制箱，控制防火卷帘门下降至地面，两步降落返回信号通过类比探测器底座返回主控屏。

8. 非消防电源控制系统

当任一防火分区的探测器报警时，经主控屏确认为火警后，系统自动控制单元，输出信号至防火分区的非消防电力控制箱和应急电源箱，自动切断防火分区的空调系统电源与非消防动力电源，系统自动投入防火分区的消防应急动力电源，自动启动柴油发电机组。控制返回信息通过类比探测器底座返回主控屏。

9. 保护区气体灭火系统

主控屏可与气体灭火保护区的信息接口界面相连，将气体灭火保护区的报警信息，放气信息及联动控制信息传输到主控屏并显示信息在主控屏窗口上。中央控制室通过主控屏窗口监测到气体灭火保护区的报警灭火情况。

9.2 施工中的一些重要问题

9.2.1 施工前的技术文件准备

在火灾自动报警系统施工前，应具备设备布置平面图、接线图、安装图、系统图以及其他必要的技术文件。图纸设计是施工的基本技术依据，为保证正确施工，应坚持按图施工的原则。

9.2.2 对探测器的属性的认知

1. 点型探测器和线型探测器探测范围的不同

消防工程中的探测器按照测控范围划分可分为点型火灾探测器和线型火灾探测器两大类，前者的监测范围是"点型区域"，后者的监测范围是狭长的条形区域。点型火灾探测器只能对警戒范围中某一点周围的温度、烟等物理参量值进行监测，如点型光电感烟探测器、点型感温探测器等。线型火灾探测器则可以对警戒范围中某一线路周围的烟雾、温度进行探测，如红外光束感烟探测器、缆式线型感温火灾探测器等。

2. 感烟探测器的选用

在火灾初期的阴燃阶段，就会产生大量的烟雾和少量的热；很少或没有火焰辐射的火灾（如棉、麻织物的阴燃等），应选用感烟探测器。

对于感烟探测器而言，在禁烟、清洁、环境条件较稳定的场所，如计算机房、书库等，选用Ⅰ级灵敏度；对于一般场所，如卧室、起居室等，选用Ⅱ级灵敏度；对于经常有少量烟、环境条件常变化的场所，如会议室及商场等，选用Ⅲ级灵敏度。

9.2.3 联动控制的选择和设置

1. 集中联动控制和现场手动控制

集中联动控制在消防控制室实现，当接收到现场探测器或手动报警等火灾报警后，在确认火灾情况下，通过控制总线输出模块来实现对现场被控设备的控制。另外，在消防控制中心设有手动控制装置，对一些重要的灭火设施，如消火栓泵、喷淋泵、防排烟风机等由消防控制中心可以集中进行手动直接控制，并在直接手动控制柜上显示设备的电源状况和工作、故障状态。

现场人员可利用被控消防设备电气控制箱内控制开关来直接实现手动控制。

2. 火灾确认及发生火情的区域确定

感烟、感温探测器发出火灾报警并经确认，任一手动报警装置动作，电话报警或其他方式火灾报警，均可认为火灾确已发生。

在消防控制器上根据报警信息确定起火部位或着火区域是消防控制室值班人员和公安、专职消防队员必须要掌握的一项基本技能。

如：某车间发生了火灾，烟雾弥漫，能见度差，火灾探测器立即向消防控制器发出了火灾报警，报警信息已达几十条。在这种情况下，如何在第一时间内以最快的速度确认起火部位？一般第一个、第二个火灾探测器报警地址即为起火部位，其他报警信号则是烟雾蔓延所至。一般来说，一个火灾探测器动作有可能是误报警，第二个火灾探测器基本同时报警，可以确认是发生火灾。

又如：一幢高层建筑发生了火灾，火灾探测器立即向消防控制器发出了火灾报警，此时，第 12 层、13 层、14 层甚至 15 层的火灾探测器都有报警信息。在这种情况下，如何在第一时间内以最快的速度确认起火部位？一般第一个、第二个火灾探测器报警地址即为起火部位。至于 13 层以上的报警信息，则是楼梯间的防火门未关闭，烟雾向上扩散所造成。

3. 火灾处理

火灾发生后由消防控制室发出信号，使所有电梯迫降于首层，并切断普通电梯电源；且通过消防模块自动或手动切除相关区域的非消防电源，并通过直线电话向消防部门电话报警。

9.2.4 项目施工安装的说明

1. 系统布线

火灾自动报警系统的传输线路应采用穿金属管、经阻燃处理的硬质塑料管或封闭式线槽的保护方式布线。消防控制、通信和警报线路采用暗敷设时，宜采用金属管或经阻燃处理的硬质塑料管保护，并应敷设在不燃烧体的结构层内，且保护层厚度不宜小于 30mm。

2. 线型红外光束感烟探测器的安装

应符合下列规定：

（1）相邻两组红外光束感烟探测器的水平距离不应大于 14m。

（2）探测器至侧墙的水平距离不应大于 7m，且不应小于 0.5m。

（3）探测器的发射器和接收器之间的距离不宜超过 100m。

9.3 系统图、平面图的说明

9.3.1 系统图说明

系统图是施工时必要的技术文件之一，是了解整个工程概况的重要技术依据。系统图标明了主机的型号，走线方向，不同的电压等级、不同的电流类别、用线的型号（如信号二总线系统采用 RVS-2×1.5mm²，即为 2×1.5mm² 的阻燃双绞线；远程联动控制线采用 NH-KVV-2×1.5-2×2.5mm²，即为 2×1.5-2×2.5mm² 耐火控制线；电话线采用 RVVP-2×1.5mm²，即为 2×1.5 mm² 的电话线等）。

主机的三大组成部分是广播通信柜、火灾自动报警控制器和消防专用电源。广播通信柜的主要出线有广播线和电话线。火灾自动报警控制器的主要出线有联动线、信号线、消火栓电灯线和 RS-485 复示盘通信线。消防专用电源主要供外部设备用电，线上的数字代表线的条数。

9.3.2 平面图说明

平面图是施工的重要技术文件之一，是施工人员施工的重要依据，施工人员必须按平面图施工。系统图只是使识图者了解整个工程的概况，平面图是让识图者知道设备应该安装的位置、如何走线、线槽和线管的大小等。可以根据系统图看每一层的平面图，按系统图上的设备标识到平面上找到相应设备的位置。

9.4 项目调试验收、竣工和安装记录

9.4.1 项目调试验收记录表

以调试主机为例，得到主机调试数据表，实际工程中使用的一张主机调试数据见表 9-1。

表 9-1　　　　　　　　　　　调试主机数据

报警类型号	报警类型	反馈类型号	反馈类型
1	火警类型 1	1	感烟探测器报警
2	火警类型 2	2	感温探测器报警
⋮	⋮	⋮	⋮
10	火警类型 10	10	消防泵启动

9.4.2 系统竣工情况表

实际工程中使用的一张系统竣工情况表见表 9-2。

表 9-2　　　　　　　　　　　　　系统竣工情况表

工程名称		××指挥中心		工程地址		××市	
使用单位		××局		联系人	×××	电话	
调试单位		××公司		联系人	×××	电话	
设计单位		××建筑设计院		施工单位		××工程有限公司	
工程主要设备	设备名称型号		数量	编号	出厂年月	生产厂	备注
	火灾报警控制器×××		1 台		××年××月	××公司	
	感烟探测器××		×××只		××年××月	××公司	
施工有无遗留问题				施工单位联系人	×××	电话	
调试情况	符合设计要求及有关国家现行消防标准						
调试人员（签字）		×××		使用单位人员（签字）		×××	
施工单位负责人（签字）		×××		设计单位负责人（签字）		×××	

9.4.3 安装技术记录

安装技术记录中，包括的内容有消火栓、消防水泵、防排烟、区域报警、集中报警、控制中心报警、防火卷帘门、消防电源和事故照明的安装过程有关技术问题的记录等。

参 考 文 献

［1］ 图集编绘组. 建筑工程设计施工系列图集 智能建筑工程［M］. 北京：中国建材工业出版社，2002.

［2］ 濮容生，何军，等. 消防工程［M］. 北京：中国电力出版社，2007.

［3］ 孙仙芝. 建筑电气消防工程［M］. 北京：电子工业出版社，2010.

［4］ 徐鹤生. 消防系统工程［M］. 北京：高等教育出版社，2004.

［5］ 张少军，夏东培. 建筑弱电系统与工程实践［M］. 北京：中国电力出版社，2014.